配电网运行与检修

马文营◎编著

四川科学技术出版社

图书在版编目（CIP）数据

配电网运行与检修 / 马文营编著 . -- 成都 : 四川科学技术出版社 , 2017.7

ISBN 978-7-5364-8744-4

Ⅰ . ①配… Ⅱ . ①马… Ⅲ . ①配电系统－电力系统运行②配电系统－维修 Ⅳ . ① TM727

中国版本图书馆 CIP 数据核字（2017）第 173028 号

配电网运行与检修

PEIDIANWANG YUNXING YU JIANXIU

编　　著　马文营

出 品 人　钱丹凝

策 划 人　王长江

责任编辑　徐登峰　李　珉

封面设计　苏　涛

出版发行　四川科学技术出版社

成都市槐树街 2 号　邮政编码 610031

官方微博　http://e.weibo.com/sckjcbs

官方微信公众员：sckjcbs

成品尺寸　165mm × 235mm

印　　张　13.75　字数 210 千

印　　刷　北京凯达印务有限公司

版　　次　2017 年 9 月第 1 版

印　　次　2017 年 9 月第 1 次印刷

定　　价　42.00 元

ISBN 978-7-5364-8744-4

邮购：四川省成都市槐树街 2 号　邮政编码 610031

电话：028-87734035　电子信箱：SCKJCBS@163.COM

前　言

配电网作为最基础的电力设施，与广大电力用户直接相连，是电能传输链的重要环节，其基础结构及设备设施运行管理状况直接影响到供电可靠性和电能质量。配电网的建设和运行涉及规划设计、设备选用、建设改造、施工验收、运行维护等多个管理环节，其中施工验收、运行维护环节对于配电网的安全可靠运行，具有至关重要的作用。

我国配电网自动化的发展是电力市场发展和经济建设的必然结果。随着电力的发展和电力市场的建立，配电网的薄弱环节越来越突出，形成电力需求与电网设施不协调的局面。

随着市场观念的转变和电力发展的需求，配电网综合自动化已经成为供电企业十分紧迫的任务。我国政府部门在20世纪80年代就意识到城市配电网的潜在风险，竭力呼吁致力于城市配电网的改造，并组织全国性的大会对配电网改造提出了具体实施计划。1990年5月我国召开了全国城网工作会议，指出了城市配电网在电力系统中的重要位置，要求采取性能优良的电力设备以提高供电能力、保证供电质量。

配电网综合实施改造是实现配电系统自动化的前提，没有合理的电网结构和优良的设备是不可能实现配电系统自动化的。由于早期的配电网已经基本形成，所以只能在原有配电网的基础上进行改造，难度大。要力争达到自动化的目的，就要做好统筹规划，从设备上符合现代城市的发展要求。因此，城市配电网电力设备的基本要求是技术先进、运行安全可靠、操作维护简单、经济合理、节约能源以及符合环境保护要求。

配电自动化系统由于采用了自动化设备，当配电网发生故障或异常运行时，能快速隔离故障区域，并及时恢复非故障区域用户的供电，缩短对用户的停电时间，减少停电面积。这有利于提高设备的故障判断和自动隔离故障能力，恢复非故障线路的供电条件；有利于提高配电网设备的自身可靠性运行能力，大大地减轻运行人员的劳动强度和维护费用；由于实现了配电系统自动化，可以合理控制用电负荷，从而提高设备的利用率；采用自动抄表计费，可以保证抄表计费的及时和准确，提高企业的经济效益和工作效率，并可为用户提供自动化的用电信息服务。

本书以配电网运行检修技术为主题，对配电网的基本构成运行、结构形式、设备元件、技术装备等进行阐述，针对配电网当前运行、检修等过程中的技术、管理方面的薄弱环节，结合智能电网发展建设，提出配网安全防护技术及检修方案。

由于我国地域环境差异较大，部分章节和内容未必适于各地电力安全生产管理要求，希望读者在学习和实践中对本书部分内容予以合理改进和完善，编者愿与学者共同探讨。限于编者水平和经验，错误和不足在所难免，欢迎广大读者谅解和批评指正！

编　者

2017年6月

目　录

第一章　配电网建设与安全运行环境

第一节　我国配电网的特点和历史建设情况

一、配电网的特点

在电力网中起分配电能作用的网络称为配电网。配电网具有如下一些特点：

（1）高压直接进入市区，深入负荷中心，深入城市中心和居民密集点，负载相对集中，发展速度快，因此在规划时要留有余地。高压深入负荷中心可以减少线路损耗，提高供电质量。随着城市高楼大厦的崛起，生活小区的形成及生产的集团化和规模化，需要高压送电给负荷中心。

（2）传输功率和距离一般不大，不同的送电容量应采用不同的电压等级。《电力供应与使用条例》规定，一般送电容量超过 160 ~ 250 kV · A 采用 6 kV 送电电压给负荷中心，送电容量在 315 kV · A 以上采用 10 kV 送电电压给负荷中心。

（3）网络结构多样复杂，有辐射状、环状、树状等多种形式。在城市配电网中，随着现代化的进程，电缆线路将越来越多，电缆与架空线路的混合网络给电网运行和分析带来复杂性。

（4）用户性质、供电质量和可靠性要求不同，不同的负荷等级要求采用不同的供电形式。例如对一级负荷要求由两个电源供电，当其中一个电源发生故障时，另一个电源应不致同时受到损坏，对特别重要负荷还应增设应急电源；二级负荷应由两回路供电，供电变压器也应有两台；对三级负荷的供电无特殊要求。

（5）对配电设施要求较高。因为城市配电网的线路和变电站要考虑占地面积小、容量大、安全可靠、维护量小，及城市景观等诸多因素，所以在城乡电网改造和建设中，推行环网供电，采用电缆，走地下、呈环路，可以减少供电的中断，同时可以大大减少临时性故障。城网的电压等级为 10 ~ 220 kV，建筑用电设施的电压等级一般为 10 ~ 35 kV。在城网中，由于高压直接进入市区，深入负荷中心，因而高压开关的使用量增加，而且要求采用占地面积小、安全可靠且无油的电气设备。在城网建设与改造中，因推行环网供电，环网供电单元配电设备应运而生。

（6）开关设备户外式、小容量、小型化。户外式：高压开关为户外式，如 SF_6 断路器或重合器、分段器，用 SF_6 气体既灭弧又绝缘。而真空断路器或重合器、分段器用真空灭弧，外绝缘用油、SF_6 或空气作绝缘，可节约面积和造价。小容量：配网用的高压开关容量较低，一般额定短路开断电流为 16～20 kA。小型化：架空线路多装在户外柱上，要求结构紧凑、性能好、可靠性高、环境适应性强。如户外柱上 SF_6 断路器，为三相共箱式，采用旋转式灭弧，结构简单、体积小、寿命长。又如真空断路器，亦采用三相共箱式真空灭弧，并采用 SF_6 或油、干燥空气绝缘。

（7）配电网直接面向用户，运行方式多变，并且有大量的电力电子非线性负荷，故将产生不容忽视的谐波，谐波抑制问题需要考虑。

二、我国配电网建设情况及发展战略目标

我国是发展中国家，电力短缺一直是电力系统存在的主要矛盾，因此，电源建设摆到了突出的地位，电网建设则从属于电源的建设。与发达国家相比，我国对发电的投资远高于配电，如表 1－1 所示。

表 1－1　1995 年各国发电、输电、配电投资比例表

国　家	发电投资	输电投资	配电投资
美国	1.00	0.43	0.70
英国	1.00	0.45	0.78
日本	1.00	0.47	0.68
法国	1.00	0.67	0.60
中国	1.00	0.23	0.20

从表 1－1 可以看到，发达国家都是电网（包括输电与配电）投资大于电源投资，且配电网投资又明显大于输电网投资。我国刚好相反，电网投资不到电源投资的一半，且配电网投资又小于输电网投资。这种投资比例不合理的后果，造成电网发展滞后于电源建设，特别是配电网的建设和技术发展受到限制，中低压配电网在建设方面无序和不合理，存在配电网老化、供电能力不足、可靠性差、设备落后、自动化水平低、线损率居高不下等问题。

但是，解决电力供应问题，仅有发电能力的增长是不够的，还必须有输

配电能力的相应增长。否则，电网就有可能成为电源和最终用户间的“瓶颈”，形成更大程度上的“卡脖子”和窝电现象，造成新的资源浪费。例如，山西阳城电厂装机210万kW，但由于线路限制只能发电170万kW，发电能力受限40万kW。这种情况直接造成了现有的发电能力不能充分发挥，装机资源不能充分利用。“卡脖子”问题，还体现在限制了电网对供电资源的调配能力。例如，由于地区配电网原因造成用电负荷高的地区无法接受足够的电力电量，体现在当负荷中心附近发电机组或者线路跳闸造成线路上的潮流大量转移时，超过一些地区电网线路的送电能力，造成限电。这种情况主要出现在华东，例如浙江的温州、台州、丽水等地区，由于地区变电站能力的问题，造成高峰时变电能力不足而限电。

第二节　智能电网形势下的配电网建设

一、坚强智能电网概念的提出及规划

2009年5月21日，在北京召开的“2009特高压输电技术国际会议”上，国家电网公司正式发布了“坚强智能电网”发展规划。在2010年3月召开的全国“两会”上，温家宝总理在政府工作报告中强调：“大力发展低碳经济，推广高效节能技术，积极发展新能源和可再生能源，加强智能电网建设”。这标志着智能电网建设已经上升到国家层面。2011年，发展特高压和智能电网纳入了国家“十二五”规划纲要，成为国家能源发展的战略重点。

规划分以下三个阶段推进“坚强智能电网”的建设：

（1）2009~2010年为规划试点阶段。重点开展发展规划，制定技术标准和管理规范，开展关键技术研发和设备研制，开展项目试点和示范工程。

（2）2011~2015年为全面建设阶段。完善坚强智能电网标准体系，加快特高压电网和城乡配电网建设，初步形成智能电网安全运行控制和互动服务体系。

（3）2016~2020年为完善提升阶段。基本建成坚强智能电网，使电网的资源配置能力、运行控制、清洁能源利用、互动服务的水平得到显著提高。

信息化、自动化、互动化是坚强智能电网的基本技术特征，智能电网建设包含电力系统的发电、输电、变电、配电和用电各个环节，覆盖所有电压等级。

二、基于配电自动化的智能配电网建设

智能电网建设中的智能配电是指以灵活、可靠、高效的配电网网架结构和高可靠性、高安全性的通信网络为基础，支持灵活自适应的故障处理和自愈，利用信息通信、高级传感和测控等技术，满足高渗透率的分布式电源和储能元件接入的要求，满足用户提高电能质量的要求。

基于配电自动化的智能配电网建设是研究如何通过配电自动化系统实现配电网全面监测、灵活控制、优化运行及运行维护管理集约化等功能，满足大幅度提升配电网整体可靠性和运行效率的目标要求。研究的内容还包括配电自动化系统与其他系统（如 GIS、95598 等）的互连，以及配电网自愈、优化运行、负荷预测、状态估计等高级应用。

未来的智能配电网自愈能力将进一步增强，配电网安全性将进一步提高，抵御外力和自然灾害的能力也将进一步提升，配电网将提供更优质的电能，而且支持分布式电源的大量接入，配电设备的运行状态也会得到实时监控，设备资产的利用率将会大大提高。这些智能配电网带来的美好前景将很快得到实现。

三、智能电网形势下的配电自动化建设目标和建设标准

随着智能电网的建设以及通信技术的发展，作为智能电网重要组成部分的配电自动化技术取得了重大进步。“十二五”期间，国家电网公司在 200 个地市级单位、42 个县级单位开展配电自动化建设。2011 年完成北京、上海等 23 个重点城市主城区或核心区的配电自动化建设；启动济南等 6 个重点城市及泉州市城市核心区的配电自动化工程建设（共计开展 30 个工程）。2012 年开工建设乌鲁木齐 1 个重点城市及临沂、扬州、井冈山、赤峰等 69 个地级城市的配电自动化工程（2012 年开工建设 70 个，累计开展 100 个）。2013 年及以后开工建设拉萨 1 个重点城市及北京市石景山区、芜湖市、许昌市、吉林市、喀什市等 99 个地级单位的配电自动化工程（2013～2015 年开工建设 100 个，累计开展 200 个）。

国家电网公司制定智能电网技术标准体系，用以协调和指导智能电网相

关技术领域发展。在配电自动化方面制定的标准主要包括配电自动化技术导则、建设系列标准、运行控制系列标准、自动化系统和设备系列标准、验收和运行维护方面的标准。其具体标准包括 Q/GDW 382－2009《配电自动化技术导则》、Q/GDW 625 －2011《配电自动化建设与改造标准化设计技术规定》、Q/GDW 513－2010《配电自动化主站系统功能规范》、Q/GDW 514－2010《配电自动化终端/子站功能规范》、Q/GDW 567－2010《配电自动化主站系统验收技术规范》、Q/GDW 639－2011《配电自动化终端设备检测规程》《配电自动化验收细则（第二版）》《配电自动化系统实用化验收细则（试行）》、Q/GDW626－2011《配电自动化系统运行维护管理规范》。

第三节　有源配电网

一、概述

有源配电网是进化的产物，又称主动配电网，即指含分布式发电的配电网。

分布式发电（Distributed Generation，DG）也称分散式发电或分布式供能，一般指将相对小型的发电储能装置（50 MW 以下）分散布置在用户现场或附近的发电/供能方式。分布式发电的规模一般不大，通常为几十千瓦到几十兆瓦，所用的能源包括天然气、沼气、太阳能、生物质能、氢能、风能、小水电等洁净能源或可再生能源。这些分布式能源通常接入到 35 kV 及以下电压等级的配电网；而储能装置主要为蓄电池，还有超级电容储能、超导储能、飞轮储能等。此外，为了提高能源的利用效率，降低成本，分布式发电往往采用冷热电联供或热电联产的方式。显然，分布式发电是一种与传统集中供电模式完全不同的新型供电模式。

1996 年，美国电力科学研究院（Electric Power Research Institute，EPRI）在《分布式发电》一书中首次提出了分布式能源的概念。社会追求可持续发展，受环境相关法规的刺激，近年来，许多国家大力发展分布式发电，美国、日本、丹麦、意大利等国纷纷表示除非特殊需要，原则上不再建设大型发电设施。1998 年，分布式能源的概念被正式引入我国。如今，我国分布式能源总量已经接近 1 亿 kW，分布式能源技术将是未来世界能源技术的重要发展方向。

分布式能源一般在本地开发，往往靠近负荷中心，只需要短距离传输，依分布式电源与公共电网的关系，其运行模式分类如表 1 – 2 所示。

表 1 – 2　分布式电源的运行模式

<table>
<tr><th>运行模式</th><th>孤岛运行模式</th><th colspan="2">并网运行模式</th></tr>
<tr><td rowspan="2">特征</td><td rowspan="2">分布式电源独立运行向附近的用户单独供电</td><td colspan="2">分布式电源接入系统电网，与电网一起向用户供电</td></tr>
<tr><td>分布式电源与公共电网并联运行，但不向公共电网输出电能</td><td>分布式电源与公共电网并联运行，且向公共电网输出电能</td></tr>
</table>

二、分布式电源接入配电网的好处

（1）环保节能。分布式发电大多利用可再生能源，减少了 CO_2、SO_2 等废气及固体废弃物的排放，清洁环保；同时，分布式电源靠近负荷供电，避免了远距离送电而产生的线路损耗，也避免了因建设输电线路而导致的土地占用及环境破坏问题。

（2）满足偏远农村地区的需求。对于经济欠发达的农村地区，要形成一定规模、强大的集中式输配电网需要巨额的投资和很长的时间周期，分布式发电正好弥补了这种不足，解决了偏远地区的供电问题。

（3）提高供电可靠性。一方面，当主电网发生故障时，分布式电源与大电网分离形成电力孤岛，可以维持系统未出现故障部分的供电，避免大面积停电带来的严重后果；另一方面，分布式电源可以支持电网出现故障后到恢复正常的“黑启动”过程，由于分布式电源具有设备简单、启动速度快等优点，能快速提供电源，独立启动各子系统，使电网恢复正常供电状态。

（4）能源利用率高。分布式电源实现多系统优化，将电力、热力、制冷和蓄能技术有机融合，实现多系统能源的互补和综合梯级利用，将每一系统的冗余限制在最低水平，将能源的利用效率发挥到最大状态。同时，使用可再生的分布式电源也没有能源枯竭的问题。

（5）削峰填谷提高电网运行效率。分布式电源可以作为备用发电容量、削峰容量，也可承担系统的基本负荷，可平抑电网负荷的峰谷差，缓解电网调峰的压力，从而降低因系统运行方式的频繁变动而导致故障的概率。

三、分布式电源接入配电网后需要注意的问题

（1）对继电保护的影响。传统配电网一般为单电源的辐射状网，继电保护一般采用三段式的电流保护，即瞬时电流速断保护、定时限电流速断保护和过电流保护。分布式电源接入配电网后，系统潮流、短路电流的方向、水平都将受到分布式电源类型、接入位置及容量的影响，可能导致原有的继电保护系统出现误动或拒动。目前我国对包含分布式电源的配电网的继电保护的研究还处于探索阶段，有很多方面值得深入探索：合理调整线路以减小分布式电源的影响，升级现有保护装置，提出新的保护方案等。

（2）对系统潮流的影响。传统配电网的潮流方向为单一的变电站指向负荷端，分布式电源的引入使得用户端也出现了电源，配电网络结构就由原来的单电源辐射型网络结构变成了多电源网络结构，因此某些线路上将形成双向潮流，也就意味着电能有可能从配电系统向更高电压等级传送。

（3）对电能质量的影响。由于分布式电源多由用户控制，用户根据需要会频繁地启动和停运，这会使配电网的线路负荷潮流变化加大，使电压调整的难度加大；另外，多数分布式电源都是采用电力电子器件作为接口，这会对电网造成谐波污染。

（4）对电压的影响。线路上的电压降为

$$\Delta U = \frac{PR + QX}{U}$$

式中，P、Q 为流过阻抗为 R、X 线路的功率。

当在线路下游接入分布式电源后，流经线路的 P、Q 将降低为 $P - DG$、$Q - DG$，也就是说分布式电源将抬升末端电压，这打破了传统的电压沿馈线降低的规律，从而加大了电压调整的难度。

（5）对配电网自动化的影响。分布式电源的接入使得信息采集、开关设备操作、能源调度等过程复杂化，需要建立功能更为完善的SCADA系统，增强对海量数据的处理能力。另外，分布式发电的商业竞争也会影响到电力市场的发展。

四、分布式电源接入配电网的要求

如前所述，分布式电源为保护环境和解决能源危机带来了好处，但同时它的接入也会对电力系统的结构和性能产生影响，因此对分布式电源接入配电网需要有相应的标准来约束。IEEE 起草的分布式电源并网标准 IEEE Std 1547.2－2008 中，定义了刚性系数（Stiffness Ratio，SR）的概念，以此来衡量分布式电源并网对配电网的影响。电网刚性是指区域电网抗击由分布式电源引起的电压偏差的能力，刚性系数 SR 定义为公共连接点含分布式电源的配电网的短路容量与分布式电源短路容量之比，即

$$SR = \frac{S_1 + S_2}{S_2}$$

式中，S_1 为区域配电网的短路容量，S_2 为受评估分布式电源的短路容量。

SR 反映了公共连接点区域配电网相对于分布式电源的强度，也反映了分布式电源对公共连接点短路电流的贡献。SR 越大，则分布式电源对短路电流的贡献越小，配电网运行电压与短路电流受分布式电源的影响越小。如果 SR 大于 20，则可以忽略分布式电源对配电网运行的影响。

我国国家电网公司于 2009 年 2 月发布了 Q/GDW－2009《风电场接入电网技术规定》；发布了 Q/GDW617－2011《光伏电站接入电网技术规定》；为规范其他分布式电源接入电网的披术指标，发布了 Q/GDW 480－2010《分布式电源接入电网技术规定》。Q/GDW 480－2010《分布式电源接入电网技术规定》阐述了通过 35 kV 及以下电压等级接入电网的新建或扩建分布式电源应该满足的技术指标，明确规定分布式电源并网点的短路电流与分布式电源的额定电流之比不宜低于 10；当公共连接点处并入一个以上电源时，应总体考虑它们的影响，分布式电源总容量原则上不宜超过上一级变压器供电区域内最大负荷的 25%。

第四节　配电网的中性点运行方式

中性点接地方式分类及比较

电力系统的中性点是指星形连结的变压器或发电机的中性点。这些中性点的运行方式是个很复杂的问题。它关系到绝缘水平、通信干扰、接地保护方式、电压等级、系统接线等很多方面。

中性点运行方式主要分两类，即直接接地和不接地。直接接地系统供电可靠性低，因这种系统中一相接地时，出现了除中性点外的另一个接地点，构成了短路；接地相电流很大，为了防止设备损坏，必须迅速切除接地相甚至三相。不接地系统供电可靠性高，但对绝缘水平的要求也高。因这种系统中一相接地时，不构成短路回路，接地相电流不大，不必切除接地相，但这时非接地相的对地电压却升高为相电压的$\sqrt{3}$倍。在电压等级较高的系统中，绝缘费用在设备总价格中占相当大的比重，降低绝缘水平带来的经济效益很显著，一般就采用中性点直接接地方式，而以其他措施提高供电可靠性。反之，在电压等级较低的系统中，一般就采用中性点不接地方式以提高供电可靠性。在我国，110 kV 及以上的系统中性点直接接地，60 kV 及以下的系统中性点不接地。两种中性点接地方式的比较如表 1－3 所示。

表 1－3　中性点接地方式比较

别 称	中性点直接接地系统 大电流接地系统（NDGS）	中性点不直接接地系统 小电流接地系统（NUGS）
可靠性比较	低	高
电流电压比较	大电流	高电压
适于电压等级	高	低

从属于中性点不接地方式的还有中性点经消弧线圈接地。所谓消弧线圈，其实就是电抗线圈。由于导线对地有电容，中性点不接地系统中一相接地时，接地点接地相电流属于容性电流，而且随着网络的延伸，这种电流也越来越大，以至完全有可能使接地点电弧不能自行熄灭并引起弧光接地过电压，甚

至发展成严重的系统性事故。为避免发生上述情况，可在网络中某些中性点处装设消弧线圈。由于装设了消弧线圈，构成了另一回路，接地点接地相电流中增加了一个感性电流分量，它和装设消弧线圈的容性电流分量相抵消，减小接地点的电流，使电弧易于自行熄灭，提高了供电可靠性。一般认为，对3～60 kV网络，容性电流超过下列数值时，中性点应装设消弧线圈：

3～6 kV网络，30 A；10 kV网络，20 A；35～60 kV网络，10 A。

二、经消弧线圈接地系统的3种补偿方式

中性点经消弧线圈接地时，根据消弧线圈的电感电流对电容电流的补偿程度的不同，可以有完全补偿、欠补偿和过补偿3种补偿方式，分别分析如下：

（1）完全补偿。完全补偿就是使感性电流等于容性电流，接地点的电流近似为零。从消除故障点电弧，避免出现弧光过电压的角度来看，显然这种补偿方式是最好的。但从实际运行的角度来看，则又存在严重的缺点，不能采用。因为完全补偿时，正是电感和三相对地电容对50 Hz串联谐振的条件，这样线路上会产生很高的谐振过电压，这是不允许的，所以实际运行中不能采用完全补偿的方式。

（2）欠补偿。所谓欠补偿，则是指感性电流小于容性电流的补偿方式，补偿后接地点的电流仍然是容性的。采用这种方式时，仍然不能避免谐振问题的发生，因为当系统运行方式变化时，例如某个元件被切除或因为发生故障而跳闸，则电容电流就会减小，这时很可能出现感性和容性两个电流相等而引起谐振过电压，因此欠补偿的方式一般是不用的。

（3）过补偿。所谓过补偿，指感性电流大于容性电流的补偿方式，补偿后的残余电流是感性的。实践中，一般采用过补偿方式，主要原因如下：

①考虑系统的进一步发展。电力系统往往是不断发展的，电网的对地电容也将不断增大，如果采用过补偿，原装的消弧线圈仍可以使用一段时间，至多是由过补偿转变为欠补偿方式运行，但如果原来就采用欠补偿的方式运行，则系统一有发展就必须增加补偿容量。

②避免谐振。在欠补偿方式运行中有可能出现谐振危及系统绝缘，只要是采用欠补偿方式，这一缺点就无法避免，而过补偿运行不可能发生串联谐

振的过电压问题。

第五节　配电网设备的作用和功能

配电网由配电装置和配电设备构成，其中配电装置主要包括：

（1）电路控制设备：各种手动、自动开关。

（2）测量仪器仪表：指示仪表（电流表、电压表、功率表、功率因数表等）；计量仪表（有功电能表、无功电能表）；与仪表相配套的电流互感器、电压互感器等。

（3）母线以及二次线：母线即配电变压器低压侧出口至配电室、配电箱的电源线和配电盘上的汇流排、汇流线；二次线即测量、监控、保护、控制回路的连接线。

（4）保安设备：熔断器、继电器、剩余电流动作保护器等。

（5）配电成套装置：配电箱、配电柜、配电盘、配电屏等，是集中安装开关、仪表等设备的成套装置。

配电设备主要包括架空线路、站房、配电站、电缆、公共设施等类，主要一次设备有变压器、断路器、负荷开关、隔离开关、熔断器、电压互感器、电流互感器、避雷器、电容器、母线、绝缘子、带电指示器、故障指示器等。

一、配电网变电站主变压器

配电网中主网变电站 66 kV（110 kV）变压器的主要作用是通过与地区高压电网的连接，匹配不同电压网络，降低绝缘，实施输电网与配电网间电能传递，满足地区配电网的电源需求。

二、配电网变电站主母线

配电网中主网变电站 66 kV（110 kV）系统母线的主要作用是汇流，为高压配电装置和主变压器提供电连接点，实现供电负荷分配。可通过母线接线型式及高压断路器等配电装置，向高压配电线路设立电能配出通道。

6 ~ 35 kV 系统母线的主要作用是通过高压开关柜或高压成套配电装置，向配电线路设立电能配出通道。

在生产管理地理信息系统（PMS）中，变电站及母线为配电线路设备建立概念性原址。

三、高压配电装置

配电网中主网变电站与母线相关联的断路器、隔离开关、电流互感器、电压互感器、电力电容器、站用变压器等一次设备及其辅助设施，以及保护、测控等二次设备构成高压配电装置（设备），其核心作用是配电及控制。

1. 断路器

断路器俗称开关，设有灭弧装置，具有断合短路故障电流、保护和控制高压电路的功能，具体作用如下：

（1）正常运行时接通或断开电路，切合高压电路中的空载电流和负荷电流。根据电力系统运行的需要，将部分或全部电气设备，以及部分或全部线路投入或退出运行。

（2）当系统发生故障时，与继电保护装置、自动装置配合迅速断开电路，切断过负荷电流和短路电流，将故障部分从系统中迅速切除，减少停电范围，防止事故扩大，保护系统中各类电气设备不受损坏，保证系统无故障部分安全运行。

（3）在自动重合于故障线路或做人工短路试验时，可靠接通短路电流。

2. 隔离开关

隔离开关俗称刀闸，具有隔离电源、与断路器配合完成电气倒闸操作、通断小电流电路功能，具体作用如下：

（1）分闸后建立可靠的绝缘间隙，将需要检修的设备或线路与电源之间用一个明显断开点隔开，以保证检修人员和设备的安全（如图 1－1 所示）。

（2）根据运行需要，实现换接线路，如实现电源切换［如图 1－1（b）］或旁路转代［如图 1－1（a）所示］。

（3）可用来分（合）线路中的小电流，如套管、母线、连接头、短电缆的充电电流，开关均压电容电流，双母线换接时的环流以及电压互感器的励磁电流等。

（4）根据电网结构类型的具体情况，可用来分（合）一定容量变压器的空载励磁电流，或空载线路电容电流。

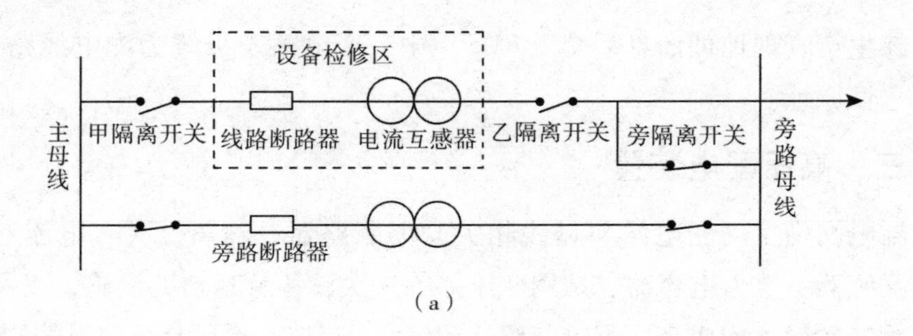

（a）

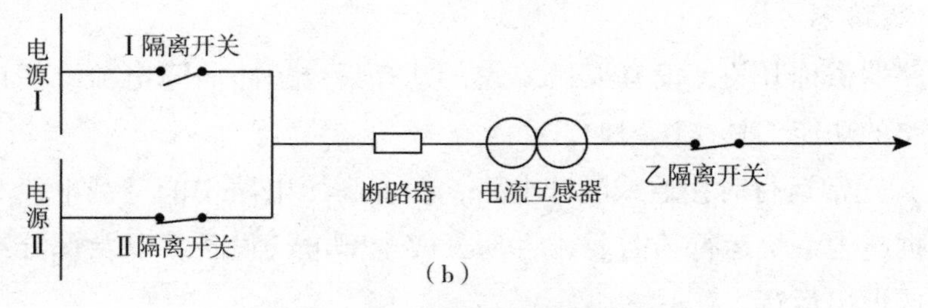

（b）

图1－1　隔离开关接线实例

（a）隔离开关电源隔离及旁路转代实例接线图；（b）隔离开关电源切换实例接线图

3. 接地开关

接地开关也称接地刀闸或接地器，它的作用是：

（1）代替携带型地线，在高压设备和线路检修时将设备接地，保护人身安全。

（2）造成人为接地，满足保护要求。

（3）接地开关配置在断路器两侧隔离开关旁边，起到断路器检修时两侧接地的作用。

4. 电流互感器

电流互感器简称TA，具有电流变换功能，其作用如下：

（1）将一次大电流转换为比较统一的二次小电流，供保护、测控、仪表和计量装置使用。

（2）通过一、二次绕组间的绝缘实现与高压电路的隔离，并采用二次回路接地措施保证二次回路设备和工作人员的安全。

5. 电压互感器

电压互感器简称TV，具有变换电压功能，其作用如下：

（1）将高电压按比例关系变换成 100 V 或更低等级的标准二次电压，供保护、测控、仪表和计量装置使用。

（2）通过一、二次绕组间的绝缘实现与高压电路的隔离，并采用二次回路接地措施保证二次回路设备和工作人员的安全。

6. 避雷器

避雷器也称过电压保护器，具有保护电气设备功能，即：承接过电压，形成泄流通道，对电力系统中各种电气设备实施保护，避免电气设备因雷电过电压、操作过电压、工频暂态过电压冲击而损坏。

7. 组合电器

组合电器是以隔离开关或断路器为主体，将电流互感器等元件与之共同组合为成套设备。组合元件一般包括：断路器、隔离开关、接地开关、电压互感器、电流互感器、母线、避雷器、电缆终端等，其作用为各组合元件的集合。其中隔离开关的“明显断开点”无法直接显现，靠位置指示器及状态显示仪判断。

全封闭式组合电器（Gas Insulated Subsletion，GIS）各元件密封于金属壳内，壳内充以绝缘气体，金属壳接地，各元件按接线要求依次连接成整体。它将电气主电路分成若干个单元，每个单元即一个回路，将每个单元设备集中装配在一个整体柜内，或一个单元间隔内。

四、配电设备

这里所说的配电设备，主要系指配电网中非主网（35 kV 及以下）部分的设备，包括高压开关柜、配电线路、杆塔、配电变压器、环网柜、分界断路器、分界负荷开关、分段负荷开关，以及配电保护、测控、计量等二次设备。

1. 配电线路

配电线路分为高压配电线路和低压配电线路，包括架空线路和电缆线路，其功能是将降压变电站引出的电力配送到配电变压器或将配电变压器的电力送到用电单位。要求配电线路安全可靠，保持供电连续性，减少电量损失，电能质量良好。

2. 杆塔

杆塔的作用是支撑架空配电线路，其承重、张力、寿命、维护量、外观等作为其选择条件。

3. 配电变压器

配电变压器具有电能传递和电压变换功能，将配电线路传载的高压交流电压传变为0.4 kV 标准的同频率的三相四线制（380 V/220 V）民用电压；实施高、低压两个不同电压网络的制式变换。节能、节材、环保、低噪声技术指标将是配电变压器升级的主要指标。

4. 环网柜

环网柜的作用是连接环形供电网络，从两个不同方向获取电源以保证向用户供电的可靠性。环网柜功能如下：

（1）分合负荷电流。

（2）开断短路电流、变压器空载电流、一定距离架空（电缆）线路的充电电流。

（3）控制和保护配电回路及设备。

5. 分界断路器

分界断路器由真空断路器、电压互感器、电流互感器、控保单元等元部件构成，主要用于用户分支线，具有灭弧能力，可切断短路电流，其作用如下：

（1）自动切除单相接地故障，甩掉故障支线，保证变电站及馈线上的其他分支用户安全运行。

（2）自动断开相间短路故障，甩掉隔离故障线路，使馈线上的其他分支用户迅速恢复供电。

（3）定位故障点，上报故障信息，便于事故处理和尽早恢复供电。

（4）通过远方负荷实时监控系统，监控用户负荷。

6. 分界、分段负荷开关

负荷开关的功能介于断路器和隔离开关之间，具有简单的灭弧装置，能切断额定负荷电流和一定的过载电流，但不能切断短路电流。所以，通常与高压熔断器串联使用，借助熔断器实现短路保护。负荷开关主要用于：

（1）作为用户分界负荷开关，对分支负荷线路实施控制。

（2）作为线路拉手负荷开关，对主干线路实施分段控制。

（3）作为配电线路出口开关，对检修线路电源实施控制。

7. 断路隔离器

断路隔离器即为断路隔离联动器（简称“断隔器”），是一种用于配电线路，以切除短路电流、负荷电流的断路器和具有明显断口的隔离开关，通过机械连锁和电气闭锁组合为一体的高压开关设备。其元部件主要包括：断路器、隔离器、电压互感器、电流互感器、辅助电源等，是一种半敞开式组合开关。其与组合电器的区别体现为：主元件断路隔离器属于一种设备，同时具有断路器和隔离器两种设备功能特征，并可根据需要独立操控。其功能作用主要体现在以下方面：

（1）配合开关柜控保装置实现线路向变电站的反送电防护。

（2）配合配电线控保装置实现用户向线路的反送电防护。

（3）自动实施电气隔离，具有明显断开点。

（4）具有配电线路“断路器”“分界开关”“分段开关”等作用。

（5）具有接地选择、短路保护等功能。

8. 架空线路综合监测装置

架空线路综合监测装置（俗称“线路宝”），用于 10 kV 架空配电线路，对其实施智能化管理，主要具有以下功能：

（1）带电显示。可辅助配电运维人员尽早判断停电分支或分支断路器是否跳闸，防止带电挂接地线和误触电。

（2）故障指示。便于快速找到故障点。

（3）电流监测。配电运维人员利用手持 PDA（掌上电脑），通过无线电随时监测所处线路位置的负荷电流。

（4）驱鸟。在不扰民和不破坏生态平衡的前提下驱鸟，降低配电线路事故率。

五、配电网设备保护监控装置

1. 继电保护装置

继电保护装置是控制一次设备的二次设备，其功能是检测电力系统安全运行状况，通过断路器实施对故障点的隔离控制。其作用是：

（1）监测电力系统正常运行状况，当被保护的电力系统元件发生故障时，迅速准确地向断路器发出跳闸命令，使故障元件及时从电力系统中切除，以最大限度地减少对电力系统元件本身的损坏，降低对电力系统安全供电的影响。

（2）反映电气设备的异常工作情况，并根据不正常工作情况和设备运行维护条件的不同发出信号，提示值班员迅速采取措施，使之尽快恢复正常；或由装置自动地进行调整，或将那些继续运行会引起事故的电气设备予以切除，终止异常事件的发展。

（3）实现电力系统的自动化和远程操作，以及工业生产的自动控制。如：自动重合闸、备用电源自动投入、连切电源（负荷、机组等）。

继电保护装置应满足“四性”要求，即可靠性、选择性、灵敏性和速动性。它们之间联系紧密，既矛盾又统一，根据电网实际情况合理确定其优先权。

2. 电力系统自动装置

电力系统自动装置分为两类：一类是用于维持电力系统安全稳定运行，或失稳控制（缩小波及范围、减少负荷损失、尽快恢复供电），配网中主要有自动重合闸装置、备用电源自动投入装置、按频率自动减负荷装置、低频低压解列装置等；另一类是用于提高电力系统自动化水平，实现自动检测、安全监控、远方屏幕显示等功能。

自动重合闸装置往往与继电保护装置相配合，主要作用是当保护动作切除故障后，通过自动重合闸装置实现瞬时性故障切除后的电网恢复；另一作用是纠正继电保护装置的非选择性行为，使非故障线路得以运行。

备用电源自动投入装置的功能是不间断供电，当电源因故失去时将负荷自动转投至备用电源上工作。

按频率自动减负荷装置用于系统频降维稳，按轮次切除部分非重要负荷，保证电网稳定向重要负荷供电。

3. 综合自动化系统

综合自动化系统由继电保护装置及安全自动装置、自动化监控系统等组成，完成对电力设备的保护、信采、测控、调节和监视，通过专用通道实现远方遥测、遥信、遥控、遥调、遥视等信息远传和远方操控。其中的测控装置是与继电保护装置密切关联的二次设备，主要功能是实施对电力设备的信息采集、电量（非电量）测量、设备控制（手工操控和自动控制）。

4. 小电流接地选线装置

小电流接地选线装置的作用是检测配电网（小电流接地系统）单相接地故障，便于及时得到处理，以防电气设备绝缘破坏事故的发生。

5. 反送电防护控保装置

反送电防护控保装置是与断路隔离器配套的二次设备，包括站端采控器、就地控保器、站端主机等。

（1）站端采控器。站端采控器是反送电防护的核心控制设备。用于采集开关柜断路器状态、隔离开关状态、有电监测等信息，以及装置本身的“方式开关”“功能连片”状态等信息，并对信息进行判断，形成“反送电防护”和开关柜“强拆保护”逻辑，经站端主机向就地控保器发送操控指令；输出强拆分闸开关量供连切电源。

（2）就地控保器。就地控保器是反送电防护的执行控制设备，主要用于接收站端采控器（经站端主机）发送的操控指令，经条件闭锁鉴别后驱动配电一次开关（即断路隔离器）。同时，就地控保器兼有配电线路故障保护功能。

（3）站端主机。站端主机是反送电防护的信息传递中控设备，用于接收站端采控器操作指令、单元识别、指令转发；接收就地控保器一次开关（断路隔离器）状态信息。

反送电防护控保装置根据变电站的配电线路数量规模配置，具有以下主要功能：

①开关柜反送电防控。

②开关柜强拆保护。

③配电线路反送电防护。

④接地选择、短路保护、故障定位、负荷监测等功能。

6. 常用保护电器

其他常用电器主要包括：熔断器、热继电器、脱扣器、剩余电流动作保护器等，它们的主要作用分别为：

（1）熔断器用于对高低压配电系统、控制系统以及用电设备的短路和过电流保护。

（2）热继电器和热脱扣器一般用于电动机（风扇、磁力启动器等）电源回路的过载保护。

（3）电磁式继电器（或脱扣器）用于短路过流保护或过载保护、失压（欠压）保护等。具体类型根据实际回路需要选择。

（4）剩余电流动作保护器用于低压配电回路中，防止人身触电和漏电引起火灾、电气设备烧损、爆炸等安全事故。

六、配电网辅助装置

配电网辅助装备是为保证配电设备安全可靠运行而设置的，主要包括：设备基础、线路走廊、电缆沟道、标识、防误装置、防雷装置、接地装置、安全工具、视频监控设备、消防装置、安防装置、自动安全监护装置等。

1. 设备基础

设备基础的主要作用是装固配电装置，辅助部件主要有：接地体、防护栏、登梯、标牌等。

2. 线路走廊

66～110 kV 架空配电线路杆塔基础及电力导线需要带状通道，该通道除考虑杆塔基础占地外，还须占用必要的净空间区域，其作用和目的是：

（1）保证线路绝缘强度。

（2）避免对人身及地面建筑等物体造成触电危险。

（3）防止静电场对导线及附近的人造成生理和生态危害。

（4）用于配电线路的检修作业和工程施工。

10 kV 架空线和电缆线路通道的地位相对较低，往往不被重视，也正因为此，10 kV配电线路故障的概率相对高得多。

3. 电缆沟道

电缆沟道是电缆通道的一种形式和一部分，比直埋形式更具有安全性，不仅便于检修和故障处理，也便于设置安全警示标识。

4. 标识

标识包括设备标识和安全标识两类，其中：设备标识以设备名称和编号为主体内容，用于辨识管控设备对象；安全标识以告诫性内容为主体，用于警醒人的注意。

5. 防误装置

防误装置的功能是防止电气误操作，包括机械连锁、电气连锁、机械程序锁、微机防误系统，是按照正确的先后顺序组织编程，具有如下“五防”功能：

（1）防止误分、合断路器。

（2）防止带负荷误拉、合隔离开关。

（3）防止带地线或接地开关合闸。

（4）防止带电挂接地线或合接地开关。

（5）防止误入带电设备间隔。

6. 防雷装置

防雷装置是外部和内部雷电防护装置的总称，其中：外部防雷装置的作用是防止直击雷，包括接闪器、引下线和接地装置；内部防雷装置的作用是减小和防止雷电流在需防空间内所产生的电磁效应，包括等电位连接系统、共用接地系统、屏蔽系统、合理布线系统、浪涌保护器等。

7. 接地装置

接地装置是接地线和接地体的总称，是把电气设备或其他物件与大地之间构成电气连接的设备，实现电气系统与大地相连接，分为工作接地、保护接地、仪控接地、防雷接地。其中保护接地和防雷接地的主要功能是对人身和设备实施保护。

8. 安全用具

安全用具的作用是防止触电、灼伤、坠落、摔跌等事故，保障工作人员人身安全，分为绝缘用具和一般防护用具。其中：

（1）绝缘用具中的电容型验电器、绝缘杆、核相器、绝缘罩、绝缘隔板、绝缘夹钳等能直接操作带电设备或触及带电体，属于基本绝缘安全用具。

（2）绝缘用具中的绝缘手套、绝缘靴（鞋）、绝缘胶垫、绝缘台等不能用于直接接触高压设备带电部分，属于辅助绝缘安全用具。

（3）一般防护用具可防护工作人员发生事故，如安全带、安全绳、安全帽、导电鞋、防护服、防护眼镜、脚扣、升降板、梯子、携带型短路接地线、标识牌、临时遮栏等，用于加强保安作用。

9. 视频监控设备

视频监控设备在配网中主要用于设备工况、环境状况、人员行为的远方视频监视，根据紧急需要实施相应的控制策略。

10. 消防装置

配电网中的火灾报警消防装置主要对变压器、充油罐体等设备实施灭火，对设备室、电缆沟等实施温感和烟感火情测定、报警。

11. 安防装置

安防装置在配电网中主要用于站所入侵报警，防止电气设备遭到破坏、公共财产遭受损失，同时也可间接防护人身安全，以免发生触电、感电事故。

12. 自动安全监护装置

自动安全监护装置是一种用于电气设备检修区，对检修工作人员越过安全警戒线时实施报警的电子式安全监护设备。其主要作用是提醒工作人员注意，避免人员因误入有电设备间隔而发生感电事故。

七、智能化设备

1. 电子式互感器

电子式互感器是由连接到传输系统和二次转换器的一个或多个电压（或电流）传感器组成的一种装置，用以传输正比于被测量的电气量，供测量仪器、仪表和继电保护或控制装置使用。在数字接口的情况下，一组电子式互感器共用一台合并单元完成此功能。

2. 合并单元

合并单元（Merging Unit）简称 MU。它是电子式电流、电压互感器的接口装置，它对一次互感器传输过来的电气量进行合并和同步处理，并将处理后的数字信号按照特定格式转发给间隔层设备使用。

合并单元遵循 IEC61850 标准，构成数字化变电站间隔层、站控层设备的数据来源，是数字化变电站自动化技术所采用的十分重要的技术元件。

第六节　配电网安全运行环境简析

电网在国家发展和人民生活中的作用日趋重要，有必要在“大运行”新模式和智能电网发展大背景下，对配电网安全运行环境进行评价，通过对配电网安全运行环境因素及改进策略的分析，找出影响因素并因地制宜地予以改进，以使整个配电网得到更好的发展。

一、配电网安全运行环境因素

1. 配电网规划

配电网规划属于城乡整体规划的一部分，地方政府部门统一协调运作是符合大局的合理方式，避免出现诸如：配电网跨乡镇建设与乡镇规划冲突；征地与赔偿的权益和尺度难以把控；站址和线路走廊不合理、不经济、环境差、成本高；电力、交通、通信、供热等各自为战，资源浪费等问题。

2. 配电网设计

配电网的设计需要从安全、经济、功能等方面综合考虑，避免出现量质异位和安全服从投资现象。如：忽视农网与主网网架结构的配合，单条线路“T”接变电站过多，造成电网保护整定配合困难；“T”接变电站主变压器和“Π”接线路无分界断路器及继电保护等，这些线路设备发生故障时将造成越级跳闸，扩大停电范围，危及供电网安全运行。

配电网设计方案要符合规划，考虑发展因素，避免突增用户等导致设计变更的情况。整体设计投资测算要具有前瞻性和扩展性，考虑适量的预留金，以解决诸如成本增长等因素造成的概算不足问题。

3. 配电网建设与生产

配电网的建设与生产往往是既矛盾又统一的，需要在设备制造质量和施工质量两方面加以控制。设备和施工质量是影响电力生产安全的重要因素，一些小规模企业生产的产品质量往往不过关，会对配电网安全运行构成威胁。

同一地区内设备品种宜精不宜繁，如果型号杂乱，一是质量性能难以保证，二是运行维护非常不便，三是备品备件储备困难影响应急处置。

4. 工程验收

验收环节容易出现注重报捷忽略消缺问题，应引起有关领导和专业人员的高度重视。

用户工程监管、验收是否到位，直接关系到配电网的安全运行。若高耗能电弧炉等设备产生谐波污染、保护配置不完善、设备质量不过关等问题得不到很好的控制，不仅影响配电网主设备运行安全和寿命，也会影响电能质量。

5. 运行维护

运行维护伴随着配电网设备整个服役寿命周期，运行维护过程中可能影响配电网安全运行的问题主要有：

（1）用户报装容量错误、参数报送不及时。用户新建和增容过后，设备异动（报停、报退）时参数缺少退网认证管理过程，可能对主网保护定值配置造成一定影响。

（2）用户不按《国家电网公司电力安全工作规程》要求进行定期高压试验，设备故障概率增大，这会对主网安全运行构成一定威胁。

（3）地埋电力电缆标志不完善、电缆防护措施设置不力，其他工程（如建筑工程等）的地下施工容易造成电缆短路故障。

（4）“违章建筑、违章树木、违章施工”及“危险源、污染源”影响电力线路和变电站设备的安全运行。

（5）用户变电站老旧电磁型继电保护与电网保护的级差配合不好；微机保护装置统一性差，有的厂家保护定值修改需要逐项确认，不得不为了改定值而停电，本来仅需要毫秒级的“确认”过程，确不得不花费数小时时间，不但牵扯人员多、造成不必要的供电损失，也会增加安全事故概率。

二、配电网安全环境改进策略

1. 规划建设前期工作政府化

配电网规划不是独立的，一个优秀的配电网规划必须要以城市（乡镇）整体发展规划为依托，同时，配电网作为城乡基础设施的一部分，其规划程度的优劣关系到城乡规划的成功与否，对经济发展有制约作用，配电网规划建设前期工作需由政府负责，充分发挥其应有的作用。配电网规划建设前期工作政府化的重要意义体现在以下方面：

（1）城乡发展规划包含配电网基础设施要素，将其纳入城乡发展规划之中，避免相互脱节，影响整体发展。政府主导建设用地和补偿，小规划服从大规划、分规划融于总规划，从“广角”出发，与其他分项一并办理，有利于消除屏障壁垒、理顺横向关系，依法控制费用，加快建设速度，消解脱节和扯皮事件。

（2）政府对配电网的认知和支持程度对地方发展至关重要，政府在配电网规划和建设中的主辅角色，决定着规划实施效果。

（3）统一规划利于资源共享，只有建立整体大概念，才符合国家建设资源节约型、环境友好型的和谐社会要求。

2. 配电网设计与地方发展刚柔兼济

电力部门要充分发挥行业优势和作用，积极与政府相关部门做好配电网规划。在配电网规划设计跟随地方发展的大前提下，与政府建立“合作”平台，可改变电网设计盲从囿状，在规划时段内的刚性设计与不可预见的柔性间需要找到平衡点，以减少投资浪费。

3. 工程设计重“质”不重“量”

配电网设计是配电网安全运行最基础的技术前提，其设计质量与安全运行直接相关。设计时除了要考虑网架结构、负荷需求和发展外，还要考虑运行寿命、设备运行环境、投资成本等诸多因素。

首先要重视网架和电源点布局，其次要重视运行寿命，再就是重视设计技术细节。为避免少走弯路，施工图设计应组织多方会审，听取和采纳运行单位的意见，充分听取现场实际经验，保证设计质量。

4. 配电网规划设计延伸到用户

将用户变电站的设计纳入电力部门管控范畴，将谐波治理、装置选型等融于配电网安全大环境中，拓展全网安全环境空间。

5. 设备采购实用化

设备购置需要精优选配，适当延长其采购期限。在省级（直辖市）范围内中标供应商数量可相对多，中标产品质量可靠、可信度强，以便于选择和制约；但对地市级（行政区、县）的物资分配，则宜保持同型产品采用的连续性，限制繁杂产品掺入。

6. 不以“工期”论英雄

施工工艺和质量影响电网的安全运行，特别值得重视的是：北方寒冷天气对施工进度和质量影响较大，若为了追求工期而忽视质量，则难免出现“豆腐渣”工程。

除了充分发挥施工监理作用外，运行单位早介入也是非常必要的。早介入早发现问题，能使建设质量得以有效控制，特别是对隐蔽工程的质量控制尤为关键。此阶段，设计单位要敢于面对，根据实际情况积极调整、变更设计。

7. 设好验收投产防线

通过建立健全“质量跟踪签证”机制，划清责任，防止出现遮掩隐患和漏洞，真正达到“零缺陷”投产，把好电网安全运行第一关。用户工程的验收把关值得注意，政府的监管和职责需要建立。

8. 淘汰老旧继电保护

有必要建立淘汰电磁型继电器元件保护消亡时间表，如同白炽灯淘汰计划那样，按计划将电磁型继电器撤出电网，促进电网安全运行。

9. 微机保护定值模块设计合理化

针对不同类型微机保护定值模块不统一，存在若干定值项需要逐项确认的问题，应统一微机保护装置定值模块设计，使改定值不再需要采取退出保护的系列操作，而直接在保护运行中更改定值。

对于微机保护装置，标准化模块设计值得研究。打破市场垄断，维稳维护成本价格，提高设备质量。这样，备品备件所涉及的安全保障与成本控制之间的矛盾可得以化解。此外，对于多边形保护的定值计算，传统的“模数”算法则不适合，应采用“相量”法进行保护定值计算和校验。

10. 地埋电缆安全防护规范化

设计施工过程中应充分考虑采取电力电缆防外力破坏措施，包括：加防外力破坏警示带、加电缆盖板、增加埋深等；重要电缆不允许直埋；安排专项资金补充和更换电缆标桩、标识；加强电缆运行管理，完善电缆走向图并及时更新；充实配电运维队伍，加大电缆的运行管理，及时与可能从事地下施工的单位、挖掘机操作人员建立信息交互关系；与政府部门沟通，由政府下发文件，扩大影响面，加大对责任单位的处罚力度并提高赔偿及建设标准。

11. 变电站和线路走廊的周边环境安全防护

变电站和线路走廊的周边环境安全防护可归入治安管理范畴由政府执行，通过执法力保证电网安全。

第二章　智能配电网与通信

第一节　配电自动化的发展趋势

电力系统包含了发电、输电、配电和用电。国家电网公司全面建设坚强的智能电网，即建设以特高压电网为骨干网架、各级电网协调发展的坚强电网，并实现电网的信息化、数字化、自动化、互动化，在供电安全、可靠和优质的基础上，进一步实现清洁、高效、互动的目标。

我国数字化电网建设相当于智能电网的雏形，涵盖发电、调度、输变电、配电和用户各个环节。由信息化平台、调度自动化系统、稳定控制系统、柔性交流输电，变电站自动化系统、微机继电保护、配网自动化系统、用电管理采集系统等组成。数字化变电站对电气设备行业影响巨大，将导致二次设备行业、互感器行业甚至开关行业的变革，并且以 IEC61850 为纽带将促进一次设备和二次设备企业的相互合作与渗透和产业重组。

综上所述，包括用户在内的配电智能化的发展空间非常广阔，ZEpower 电力监控系统普遍应用于电力系统、市政医疗、智能建筑、石化、冶金、轻工、公共交通、水处理等领域，它采用现代通信技术和计算机技术实现对配电系统的各项分析和管理功能，提高配电系统管理的效率，实现事故预告和预控，保障配电系统的安全可靠运行，提高电能质量，帮助用户实现电能降耗目标，从而为用户创造更多价值，助推国民经济发展。

第二节　配电自动化

一、配电自动化整体架构

配电自动化系统由主站、配电终端和通信网络组成，其整体架构如图 2－1所示。

配电自动化系统可划分为设备层（一次设备和配电终端）、接入层（通信介质）、子站层（变电站）、主站层（监控中心）4 个层级，各层级之间的关联关系如图 2－2 所示。

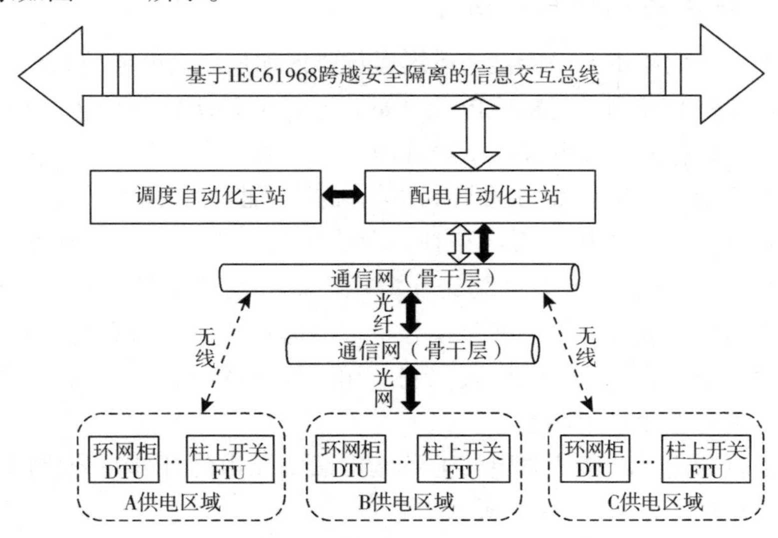

图 2－1　配电自动化系统整体构架图

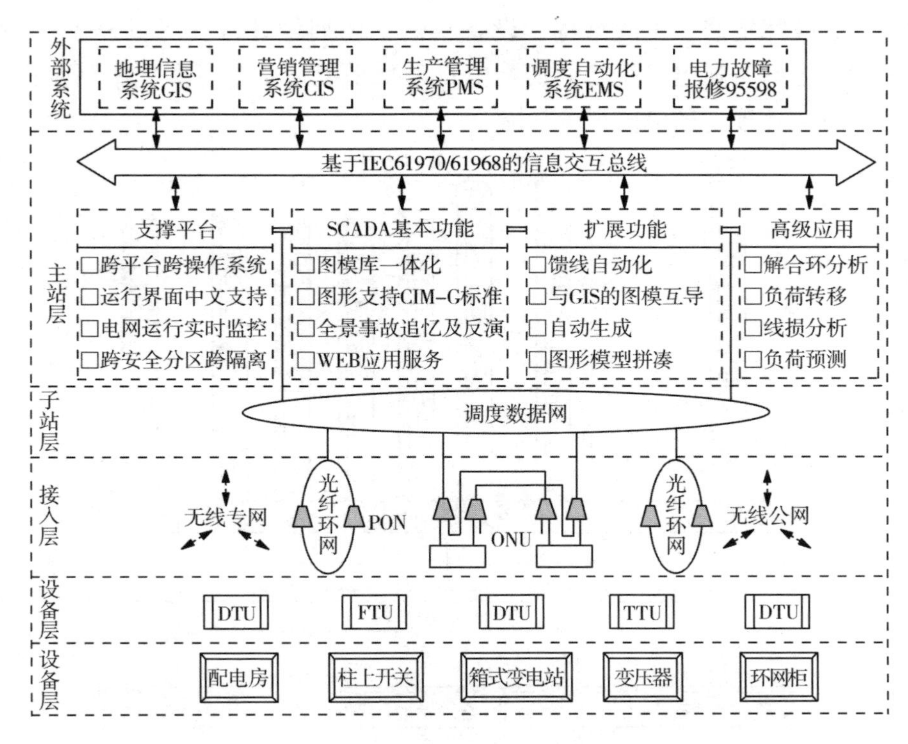

图 2－2　配电自动化系统层级关联关系图

二、配电自动化基本功能

配电自动化的主要功能是：系统运行监视和控制、电能质量监视和分析、功率因数监视和控制、高精度电能计量、电能消耗统计和分析、预防性电气火灾监视、报警和事件管理、报表管理、用户管理。

配电自动化主站应具备的基本功能包括：配电网 SCADA；模型/图形管理；馈线自动化；拓扑分析（拓扑着色、负荷转供、停电分析等）；与调度自动化系统、GIS、PMS 等系统交互应用。扩展功能包括：自动成图、操作票、状态估计、潮流计算、解合环分析、负荷预测、网络重构、安全运行分析、自愈控制、分布式电源接入控制应用、经济优化运行，以及配电网分析和仿真培训智能化应用功能等。

配电自动化主站系统与包括上级调度系统在内的外部系统之间，通过交互共享数据资源，如图 2－3 所示。

通过采集高低压配电网设备运行实时、准时数据，贯通高压配电网和低压配电网的电气连接拓扑，融合配电网相关系统业务信息，支撑配电网的调度运行、故障抢修、生产指挥、设备检修、规划设计等业务的精益化管理。处于配电主站与配电终端之间的配电自动化系统子站，将实现所辖范围内的信息汇总、处理、通信监视等功能。

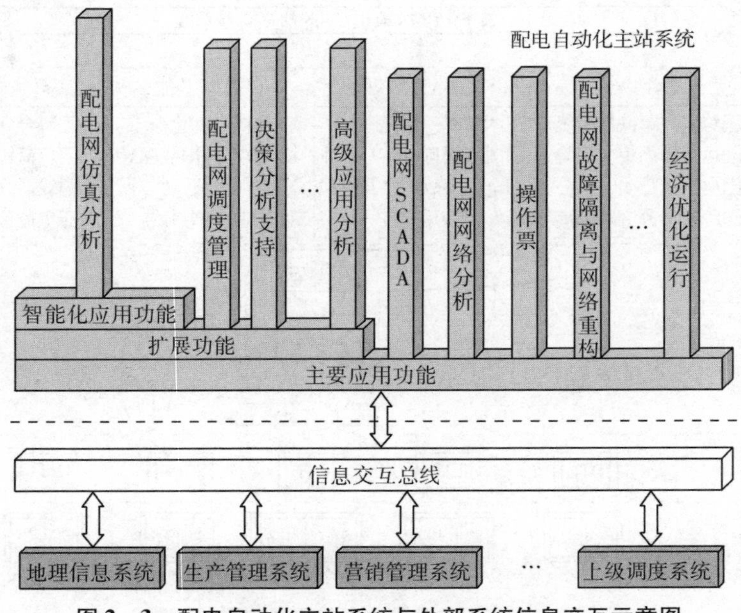

图 2－3　配电自动化主站系统与外部系统信息交互示意图

三、配电自动化基本要求

配电自动化的内容涉及配电和用电领域的各个方面，其基本要求是：在保证电压质量、降低电网网损的同时，尽可能简化配电网的结构及减少投资，在充分合理利用能源的基础上，大大减少调度无人值守站值班员和保修人员的数量及其劳动强度，做到减员增效。

配电自动化系统分为五种类型：简易型、实用型、标准型、集成型、智能型。

构建配电自动化系统的原则：覆盖全部配电设备，信息资源综合利用，以配调/生产指挥为主体，以提高配电管理水平为主要目的。

四、配电自动化的实现目标

配电自动化担任着城区配网的监视、自动化管理控制、城区配网结构优化、合理高效用电管理、事故预警和处理等任务，以一次网架和设备为基础，综合利用计算机技术、信息及通信等技术，实现对配电网的实时监视与控制，并通过与相关应用系统的信息集成，利用配电自动化系统实现配电系统的科学管理方式，实现快速故障处理、提高供电可靠性、优化运行方式、改善供电质量、提升电网运营效率和效益的目标。

五、配电自动化的设计原则

配电自动化规划设计应遵循经济实用、标准设计、差异区分、资源共享、同步建设的原则，并满足安全防护要求。应注意以下方面的协调性要求：

（1）与电网一次网架和设备相适应，合理配置配电自动化方案。

（2）配电网一次设备建设、改建时应同步考虑配电终端、通信等二次设备在安装位置、供电电源、操动机构、测控回路、通信通道以及通风、散热、防潮、防凝露等需求。

（3）配电网建设、改造工程涉及电缆沟道、管井及市政管道，建设时应一并考虑光缆通信需求（含预留）及防护要求，预留专用排管管孔。

（4）需要继电保护配合的分支开关、长线路后段开关可配置断路器型开关并配置具有继电保护功能的配电终端，以快速切除故障。

（5）在用户产权分界点可安装自动隔离用户内部故障的开关设备。

（6）配电自动化主站应与一次、二次系统同步规划与设计，考虑5～15年发展需求，确定主站建设规模和功能。

（7）电流互感器配置应满足数据监测、继电保护、故障信息采集的需求。电压互感器的配置应满足数据监测和开关电动操动机构、配电终端及通信设备供电电源的需求，并满足停电时故障隔离遥控操作的不间断供电要求。户外环境温度对蓄电池使用寿命影响大的地区，或停电后无须遥控操作的场合可选用超级电容器等储能方式。

（8）配电自动化系统与生产PMS、配电GIS、营销95598系统等其他系统信息之间应统筹规划，满足信息交换要求。可用于配电网可视化、供电区域划分、空间负荷预测、线路及配变容量裕度等计算分析，指导用电客户、分布式电源、电动汽车充换电设备等有序接入。

第三节　智能配电网

一、智能配电网技术构成

完整的智能配电网信息架构和基础设施体系由“高级配电自动化技术”“智能站控和配调技术”“自愈控制技术及其实现方法”“分布式发电、储能与智能微网技术”“用户服务和需求侧响应技术”“智能配电网集成通信技术”“智能配电网设备技术”“高级资产管理”等技术构建而成，实现对电力客户、电力资产、电力运营的持续监视，提高电网公司管理水平、工作效率、电网可靠性和服务水平。

二、智能配电网与配电自动化的关系

（1）配电自动化是智能电网的重要基础之一，通过配电自动化采集更多配电信息，可延伸到用户。

（2）配电自动化和用电营销自动化的有机配合，直接面向最终用户，改进客户服务。

（3）智能配电网最终体现在配电和用电营销方面，渗透到家用电器。

（4）智能配电网将实现电力公司与电力客户的互动，用户可利用各自的

智能控制终端根据电网供电信息调整用电参数。

三、智能开关设备

智能变电站管理朝着驾驶舱技术发展，实现可观测、可控制、可管理功能。智能开关是智能配电网的核心设备，其技术功能将直接影响配电网的智能化水平和发展速度。

智能配电网开关的功能需求主要体现在通信、控制、检测及评估方面，具体要求如下：

（1）通信功能要求能以标准化的方式，将信息以智能配电网设备识别的语言形式提供给所有设备。

（2）控制功能要求更加优良，包括自动化程度、控制精准度、操控简便性、互动性能等。

（3）状态检测及评估功能齐备权威，包括在线检测、数据库、诊断专家库、对设备服役期的延长和维护的简化等。

（一）智能配电网对开关设备的要求

1. 智能配电网的特征要求

智能配电网具有分布式能源的接入、微电网的接入、交直流混合、电能质量控制、系统平衡运行、不间断供电、资产管理等特征。

2. 智能配电网开关设备的特征要求

（1）在平衡运行方面，具有提升提供实时信息（电压/电流/功率/负载特性，开关位置等）的能力和提升电能分配的控制能力。

（2）在不间断供电方面，能够提升故障切除能力及支持供电快速恢复，提供设备状态评价及设备运行能力的预判。

（3）在资产管理方面，能够延长设备服役能力，降低设备服役成本。

3. 对智能配电网开关设备的信息需求

（1）在智能调度方面，需要发、输、配、用各环节的电量信息及发展趋势信息。

（2）在智能控制方面，需要设备现状、承载能力变化、设备状态变化等趋势信息。

（3）在智能运营与管理方面，需要多种真实、实时、相互关联的信息。

4. 智能配电网开关设备对信息的需求

（1）信息采集的目的。具有优化控制功能、增加状态评判功能、提供管理功能等基础信息。

（2）信息获取方式。通过传感器获取底层设备基础信息、状态信息，操作和控制信息的记录，累计数据库提供历史信息。

（3）信息关联方式。采用统一模型描述多种信息关联关系，采用统一的传输方式保证信息共享的一致性和及时性。

5. 智能配电网开关设备的控制功能要求

（1）在操作可靠性方面，依靠设备而不依靠人，消除人为因素，即自动化。

（2）在操作精确度方面，具有操作指令的检验确认、操作过程的监控、操作结果的判定能力。

（3）在操作简便性方面，能够实现顺序控制、多方式多人机界面操控等。

（4）在优化操作方面，具有选相位测定控制等技术。

（5）在智能操作方面，可以根据累计电烧蚀、风机等指标分析操控。

6. 智能配电网开关设备对资产管理的支撑要求

智能开关设备在资产管理方面，其综合性能应符合购置成本、运行成本（状态评价、故障预测）及运行惩罚性成本的降低，能安全可靠长期运行。

（二）配电网智能开关的实现形式

配电网智能开关设备可以采用以下方式实现：

（1）非一体化设计、多装置构成与开关柜体组合。

（2）部分功能一体化设计与开关柜体集成。

（3）功能、结构全面一体化集成。

（三）智能配电网开关设备的发展构想

（1）通信能力具有丰富的信息内容、统一的逻辑模型、统一的传输方式。采用 IEC61850 规约方式，对现有方式兼容。

（2）控制功能的多种实施方式包括单柜程序化控制、整站程序化操作、断路器首选相控制、风机启动。

例如单柜检修程序化控制流程为：接收到程序化操作指令→执行断路器分闸操作→检测断路器分闸到位→执行断路器手车推出→检测手车已到试验位→执行接地刀接地→检测接地刀已接地→指令返回。

（3）实施丰富的状态监测功能，包括多种信息的监测、数据库管理、专家系统。

具体监测功能为：机械特性在线监测及综合诊断；利用力传感器测量绝缘拉杆的拉压力，实现断口状态在线监测、分合闸状态触头压力监测；利用力传感器测量断口信号与线路电流信号，实现燃弧时间、燃弧电流以 I^2t 累计，为首选相确定提供参考依据。

监测功能的实现方式为：集成设计（逻辑功能的集成、多装置的集成）；一体化设计（强电设备与传感器的一体化设计、整机的一体化设计）。其中多装置充分集成囊括保护装置、合并单元、永磁/弹操控制器、电动底盘车控制器、无线测温装置、机械特性在线监测装置、IEC61850 协议转换器。强电设备与传感器一体化设计囊括电子式电流传感器、力传感器、霍尔电流传感器、无线测温传感器、激光/直线位移传感器或光电编码器。

（4）实现对系统的控制计算，即“选相关合”。计算要素为：电源电压过零点关合时，电容器支路的合闸涌流最小，电容器上的电压最小；电源电压峰值处关合时，电抗器支路的合闸涌流最小；电源电压过零点关合时，电感上的电压最小，电压的幅值变化大于 4 倍；对于部分谐波支路，电源电压峰值关合时，由于谐波电流的影响，关合涌流非为最大值。

四、中压母线快速保护

1. 母线故障因素

6 ~ 20 kV 中压母线故障因素主要包括：绝缘老化和机械磨损；人为和操作错误；设备安全距离与高压要求相比有差距；出线多、操作频繁、运行电流大、故障过电压高；啮齿动物危害；电压互感器一次击穿；高温导致铜排、电缆烧毁；气体急剧膨胀、开关柜爆炸；强烈震动导致固定件松动；高温、强光造成人员伤害等。

为保证变压器及母线开关设备的安全运行，根据继电保护快速性的要求，迫切需要配置中压母线快速保护。

2. 传统应对措施

(1) 依靠变压器后备过流保护，需要进行整定配合，保护整定时间一般在1.0 s以上。不安全因素为：切除故障的时间长，设备损伤程度大，甚至烧毁，影响生产运营。

(2) 采用馈线过流元件反向闭锁进线的过流保护，保护整定时间为100 ms。存在的缺点是接线施工复杂，增加二次电缆投资。

(3) 配置母线电流差动保护，其动作速度快。不安全因素为：由于柜体安装空间小，安装困难；由于TA易饱和，可能导致保护误动，需要采取抗TA饱和的措施；装置配置支路数量很难满足多间隔要求。

3. 新技术方案

(1) 采用电弧光保护方案，即由电弧光保护装置构成的独立母线保护系统，采用“光+电”信号双重判据，能实现多间隔（可多达240个）母线保护，适用于常规站和数字化站。

(2) 分布式母线差动保护解决方案“基于IEC61850数字化过程层技术”，通过SMV模拟量采样以及GOOSE开关量信号交互，实现完整的母线保护功能，适用于数字化站。

五、智能配电网的发展过程

智能配电网发展主要分为两大步。

1. 第一步的主要任务

(1) 智能配电网网架体系建设。

(2) 标准模型与交换体系集成。

(3) 通信体系与信息模型建立。

(4) 智能设备、智能终端、智能电能表、智能传感器研发。

(5) 智能配电网实验室建立。

(6) 智能配电网生产、管理、报修等子系统一体化、可视化平台建立。

(7) 故障报修、95598接警分析。

(8) 快速仿真、状态估计、潮流分析。

(9) 在线风险预警技术分析。

(10) 储能技术研究。

2. 第二步的主要任务

（1）智能配电网运行优化重构。

（2）智能配电网智能监视及自愈控制可视化。

（3）配电智能调度。

（4）设备不停电检修。

（5）智能自愈控制高级应用。

（6）电能质量监测与协调。

（7）电力技术定制。

（8）电动汽车充电站规划、调度。

（9）分布式电源和微电网即插即用、智能接入及运行控制。

2011 年以来，我国坚强智能电网进入全面建设阶段，在示范工程、电动汽车充换电设施、新能源接纳、居民智能用电等方面大力推进。所有技术都以安全为基础，通过技术手段解决各种安全隐患，是智能配电网发展需要考虑的首要问题。

第四节 配电通信网及其安全防护

一、配电通信网

（一）通信基础

1. 通信的本质

所谓通信就是信息的交流。信息又分为模拟信息和数字信息，由于电网运行所涉及的信息主要是数字信息，所以，在这里我们所描述的内容是针对数字信息的通信（简称通信）。计算机的通信是数字信息的交流，包括数字信息的发送、传输和接收。

2. 通信的基本目的

通信的基本目的是在信息源和受信者之间交换信息。信息源是指产生和发送信息的地方，如保护、测控单元。受信者是指接收和使用信息的地方，如计算机监控系统、调控中心 SCADA 系统等等。

3. 通信的三要素

要实现信息源和受信者之间的相互通信，两者之间必须有信息传输路径，如有线通道、无线电通道等。信息源、受信者和传输路径构成了通信的三要素。

实现和完成通信需要信息源和受信者相互合作。如：信息源向受信者发送信息的前提是受信者已做好信息接收准备，受信者一方准确知道通信何时“开始”和“结束”；信息的发送速度必须与受信者接收信息速度相匹配，否则，可能会造成接收到的信息混乱。

此外，信息源和受信者之间还必须制定某些约定。所约定的内容可能包括：信息源和受信者间的信息传输过程是同时进行还是轮流进行；一次发送的信息总量、信息格式，以及出现意外时如何处置等。

4. 通信系统工作方式

数字通信系统的工作方式按照信息传送的方向和时间，可分为单工通信、半双工通信、全双工通信等三种方式。其中：

单工通信是指信息只能按一个方向传送的工作方式；半双工通信是指信息可以双方向传送，但两个方向的传输不能同时进行，只能交替进行；全双工通信是指通信双方同时进行双方向传送信息的工作方式。

（1）并行数据通信方式。

并行数据通信是指数据的各位同时传送，可以用字节为单位（8 位数据总线）并行传送，也可以用字为单位（16 位数据总线）通过专用或通用的并行接口电路传送，各位数据同时发送，同时接收，其特点如下：

①传输速度快。可高达每秒几十、几百兆字节。

②并行数据传送的软件和通信规约简单。

③并行传输需要传输信号线多，成本高，因此只适用于传输距离较短且传输速度较高的场合。在早期的变电站综合自动化系统中，由于受当时通信技术和网络技术的限制，变电站内部通信多采用并行通信方式，而在综合自动化系统的结构上多采用集中组屏的方式。

（2）串行数据通信方式。

串行通信是数据一位一位顺序地传送，有以下特点：

①串行通信的最大优点是串行通信数据的各不同位，可以分时使用同一传输线，这样可以节约传输线，减少投资，并且可以简化接线。特别是当位数很多和远距离传送时，其优点更为突出。

②串行通信的缺点是速度慢，且通信软件相对复杂。因此适合于远距离传输，数据串行传输距离可达数千公里。

在变电站综合自动化系统内部，各种自动装置间或继电保护装置与监控系统间，为了减少连接电缆、简化接线、降低成本，常采用串行通信。

（3）计算机网络。

为完成数据通信，两个计算机系统之间必须有一个高度的协调。计算机之间为协调工作而进行的信息交换一般称为计算机通信。类似地，当两个或更多的计算机通过一个通信网相互连接时，计算机站的集合称之为计算机网络。

智能化断路器的许多功能和优势，必须依靠变电站通信网才能实现。所以，智能化断路器一个重要的技术性能是通信功能。

在通信过程中，所传输的信息不可避免地会受到干扰和破坏，为了保证信息传输准确、无误，要求有检错和抗干扰措施。

（二）配电通信网基础

1. 局域网

局域网（LAN）是在一个局部的地理范围内（如一个变电站内），将各种计算机、智能设备和数据库等互相连接起来组成的计算机通信网。这种网络地理范围受到局域性限制。

局域网的核心是互连和通信，网络的拓扑结构、传输介质、传输控制和通信方式是局域网的四大要素。

由于较小的地理范围的局限性，LAN 通常要比广域网（WAN）具有高得多的传输速率。例如，LAN 的传输速率为 10 Mbit/s，FDDI 的传输速率为 100 Mbit/s，而 WAN 的主干线速率国内仅为 64 kbit/s 或 2. 048 Mbit/s，最终用户的上线速率通常为 14. 4 kbit/s。

局域网具有如下特点：局域网一般为一个部门或单位所有，建网、维护以及扩展等较容易，系统灵活性高。具有数据传输速率高（0. 1 ~ 100 Mbit/s）、距离短（0.1～25 km）、误码率低等特点，具体为：

（1）覆盖的地理范围较小，只在一个相对独立的局部范围内联网，如一座楼宇或集中的建筑群内。

（2）使用专门铺设的传输介质进行联网，数据传输速率更高，可达10 Mbit/s～10 Gbit/s。

（3）通信时延短，可靠性较高。

（4）局域网可以支持多种传输介质。

局域网的类型很多，按网络使用的传输介质分类，可分为有线网和无线网；按网络拓扑结构分类，可分为总线型、星型、环型、树型、混合型等；按传输介质所使用的访问控制方法分类，又可分为以太网、令牌环网、FDDI网和无线局域网等。其中，以太网是当前应用最普遍的局域网技术，包括标准的以太网（10 Mbit/s）、快速以太网（100 Mbit/s）和10 G（10 Gbit/s）以太网。

以太网不是一种具体的网络，而是一种技术规范。由于以太网成本低、可靠性高以及10 Mbit/s的速率而成为应用最为广泛的以太网技术。

2. 变电站通信网

（1）变电站通信网的功能作用。

变电站通信网是智能化变电站的技术基础，智能化的一次设备必须依靠通信网才能充分发挥其智能功能。借助于通信网，变电站各断路器间隔中保护测控单元、变电站计算机系统、电网控制中心自动化系统得以相互交换信息和信息共享，变电站运行的可靠性得以提高，并减少连接电缆和设备数量，实现变电站的远方监视和控制。

实现变电站综合自动化的主要目的不仅仅是用以微机为核心的保护和控制装置来代替传统变电站的保护和控制装置，关键在于实现信息交换。通过控制和保护互连、相互协调，允许数据在各功能块之间相互交换，可以提高其性能。通过信息交换，互相通信，实现信息共享，提供常规的变电站二次设备所不能提供的功能，减少变电站设备的重复配置，简化设备之间的互联，使自动化系统整体的安全性和经济性得以提高，从而提高整个电网的自动化水平。因此，在综合自动化系统中，网络技术、通信协议标准、分布式技术、数据共享等问题，成为综合自动化系统的关键。

（2）综合自动化系统的通信内容。

变电站综合自动化系统通信包括两个方面的内容：一是变电站内部各部分之间的信息传递，如保护动作信号传递给中央信号报警系统；二是变电站与操作控制中心的信息传递，即远动通信。向控制中心传送变电站的实时信息，如电压、电流、功率的数值大小、断路器、隔离开关的位置状态、事件记录等；接收控制中心的断路器操控命令以及查询其他操控命令等。

通信对象主要有：

①各保护测控单元与变电站计算机系统通信。

②各保护测控单元之间相互通信。

③变电站自动化系统与电网自动化系统通信。

④其他智能化电子设备 IED 与变电站计算机系统通信。

⑤变电站计算机系统内部计算机间相互通信。

（3）IEC61850 系列标准。

IEC61850 系列标准的全称是变电站通信网络与系统，是专为变电站控制和自动化提出的基于以太网（IEEE802. 3）的通信标准。它是由国际电工委员会（IEC）和 IEEE 合作制定的，目的在于提供易于集成到现有变电站设施中的灵活和可解释的通信系统。它规范了变电站内智能电子设备（IED）之间的通信行为和相关的系统要求，为形成电力系统自动化产品“统一标准、统一模型、互联开放”的格局奠定了基础。

IEC61850 有如下技术特征：

①三级变电站结构（过程层、间隔层和变电站层）。

②面向对象的信息模型；功能和通信解释。

③变电站结构语言（SCL）；面向对象的自描述数据。

确切地说，IEC61850 不是协议，它是一种新的变电站自动化的方法，这种方法将影响电力工程、维护、运行和电力行业组织。它采用面向对象的建模技术，面向未来通信的可扩展架构，来实现“一个世界，一种技术，一个标准”的目标。

IEC61850 的主要目的及特点如下：

①开放性：全部通信协议基于已有的 IEC/IEEE/ISO/OST 可用的通信标准的基础上，不考虑具体实现。

②先进性：采用ACSI、SCSM、OO的技术；采用抽象的MMS作为应用层协议；自我描述，在线读取/修改参数和配置；采用XML语言来描述变电站的配置。

③完整性：适用对象几乎包容了变电站内所有的IED，例如常规的测控装置、保护装置、RTU、站级计算机、VQC装置、数字式一次设备等等。

IED检测设备位于间隔层和过程层。其中，负责存储测量数据、进行电网数据分析和诊断的主IED位于间隔层；与现场传感器直接联系的测量IED位于过程层；处于站控层的变电站现有计算机系统将存储长期的历史数据和诊断结果。

（4）对变电站通信网的基本要求。

变电站设备相对集中，由于电网运行方式的需要，各间隔之间以及间隔内各设备之间具有一定的关联关系，为保证设备操控管理安全可靠，不仅仅需要一次设备以及保护自动化二次设备功能完善和性能可靠，也需要通信网络的保障，对变电站通信网的基本要求体现在以下方面：

①系统安全性。

②系统稳定性。

③快速的实时响应能力。

④合理的通信负荷分配。

⑤系统的可开放性及经济性。

具体体现在：

在系统的安全性方面，要求网络资源及网络中的数据信息不能被破坏、窃取、修改等。加密技术是保证网络资源安全的技术基础。加密型网络安全技术是通过网络中传输的信息进行数据加密来保障网络资源的安全性的。防火墙是一种访问控制技术，它用于两个或多个网络间的边界防卫，阻止对信息资源的非法访问和非授权用户的进入。

在系统的稳定性方面，要求其具有优良的电磁兼容性和高可靠性作为基础，这是电力系统的连续性和重要性所需求的，所以，变电站通信网的可靠性要求处于第一位。

在快速的实时响应能力方面，一是要求接收节点的反应必须满足所执行的分布功能整体需求，二是要求在各种降级情况下，如各种错误报文、通信中断而丢失数据、资源限制、超出范围的数据等等，必须对功能的基本性能加以规定。这一点非常重要，如果整个任务不能成功地结束（如远方节点不响应或不以正常方式回应等），将会导致通信交换失败或信息错误。

在负荷分配的合理性方面，要求系统通信网应能使通信负荷合理分配，保证不出现“瓶颈”现象。保证通信负荷不过载，应采用分层分布式通信结构。此外应对站内通信网的信息性能合理划分，根据数据的实时性特征（实时的或没有实时性要求的数据）以及实时性指标的高低进行区分处理。

在系统可开放性及经济性方面，要求系统通信网设计应满足组合灵活、可扩展性好、维修调试方便的要求，优先满足功能，其次需要考虑合理的建设成本和维护成本。

3. 配电通信网

配电通信网是指覆盖110 kV及以下变电站、10 kV开关站、配电室、环网单元、柱上开关、配电变压器、分布式能源站点、电动汽车充电站和10 kV（或20 kV/6 kV）配电线路等，由终端业务接点接口到骨干网下联接口之间一系列传送实体（如线路设施和通信设备等）组成，实现配电终端与系统间的信息互联，具有多业务承载、信息传送、网管等功能。其逻辑结构如图2－4所示。

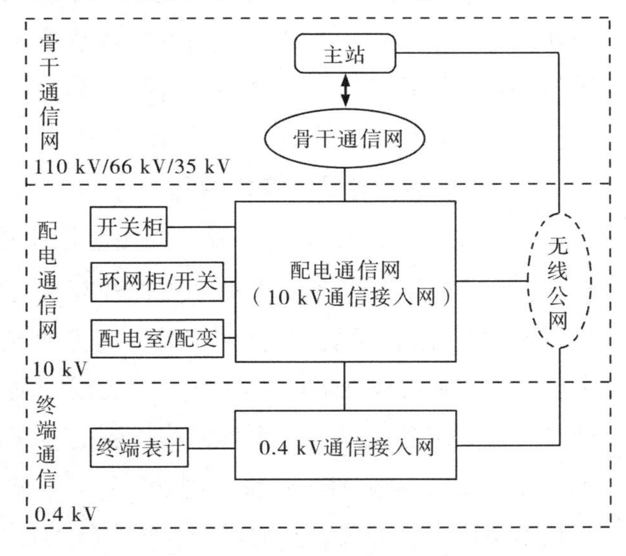

图2－4　配电通信网逻辑结构图

配电通信网设计应遵循以下原则：

（1）全面性原则。全面梳理配电通信网规划、设计、建设、运维和评估全过程的技术和管理问题，按照自上而下方式统筹开展顶层设计，兼顾除配电自动化外的其他配用电业务，配电通信网总体设计方案能够满足未来5年的配用电业务需求。

（2）适用性原则。充分研究通信技术与配电通信的匹配度，积极采用先进、适用、成熟的通信技术对配电通信设计进行量体裁衣，充分研究通信技术对配电业务的适应性，注重通信技术的先进性、经济投资的高效性、技术体系的完整性、标准使用的广泛性，以及产业链的成熟性。

（3）积极性原则。充分考虑通信设备成本、网络建设难度、施工周期和后期运维难易程度，结合配用电业务整体需求和配电网环境特点进行集约式规划设计，不盲目追求系统性能指标，提高配电通信网建设资金使用效率。

（4）安全性原则。保证配电通信网传输安全，确保重要业务（如遥控、测量）数据的安全传输和存储，防止通过网络对子站和配电终端进行攻击造成用户供电中断；防止通过网络和配电终端入侵主站，造成配电自动化系统的安全事故。

（5）差异性原则。针对不同地区、不同供电环境进行差异化多元设计，兼顾配电网络架构、业务需求和投资效益等因素，保障总体设计方案在配电通信网规模性建设阶段的可移植性和可复制性，避免重复设计引起的资源浪费，提升总体设计的完整性和实用性。

（三）通信安全防护技术原则

为保证通信系统安全可靠，应按照以下安全防护技术原则实施：遵循《中低压配电网自动化系统安全防护补充规定》［国家电网调（2011）168号］对中低压配电网自动化系统纵向边界的安全防护要求，结合光纤、无线公网（GPRS/CDMA/DT－SCDMA）、无线专网等多种通信接入方式，在满足业务功能要求的前提下，完善通信设备的鉴权机制并增强信道加密强度。为此，需要采取专线 APN 认证、网管、过滤、隔离、加密、信息安全综合审计等技术手段严格把关，其通信安全防护技术含义解释如下：

1. 专线 APN 认证

专线 APN 认证是电信运营商为保证大企业客户接入网的安全需要，向用户提供认证功能，将分支站点用户的 IMSI 信息（IMSI 信息是在运营商网络中唯一识别用户的号码，存于 SIM 卡中）配置在运营商的 AAA 认证服务器上，防止非法 SIM 卡用户访问，只允许合法 SIM 卡客户接入专网，不能访问互联网。

2. 安全接入网关

安全接入网关是安全接入平台的核心功能组件，位于第三方网络和配置业务系统之间，通过对终端进行强身份认证，在终端和接入网关之间建立双向加密隧道来保障数据通信安全。

3. 安全数据过滤系统

安全数据过滤系统是安全接入平台的核心功能组件，实现对终端和配网业务系统的安全隔离，防止非法链接穿透配网主站进行访问。同时，在确保安全的前提下，实现终端和业务系统的安全、正确的数据交换。

4. 正（反）向隔离装置

正向隔离装置和反向隔离装置都是电力系统专用的安全装置，其中正向隔离装置用于实现由高安全区到低安全区的单向安全数据传递；反向隔离装置用于实现由低安全区到高安全区的单向安全数据传递。

5. 加密机与加密卡

它们是专用安全设备，应用于配电自动化网络中。其中加密机旁接于前置服务器，加密卡部署于前置服务器内，它们对主站系统发出的控制命令进行签名，防止控制命令被第三方伪造、篡改。

6. 安全芯片

安全芯片是终端嵌入式安全模块，用于协助终端完成身份认证、数据加密等功能。

7. 信息安全综合审计

信息安全综合审计是实现对网络与信息系统中运维、数据存取等事件的记录和分析，通过记录将网络与信息系统中的设备、主机、人员的行为、动作、结果有序的储存，并通过对记录数据的分析，指导信息安全运维与管理工作，还原事件原貌，追究违规责任。

二、智能配电网对通信的基本要求

配电网具有线长、点多、分布面广、结构复杂且时有变更等特点，这些都使得配电相关业务管理较为麻烦。智能配电网将通过新技术、新设备、新手段打造崭新的管控方式，实现配电运营更加安全可靠和经济高效。由于通信网是配电网得以实现智能化的基础条件，因此，智能配电通信网的建设以适应智能配电网发展各阶段要求为目标，支持各类业务的灵活接入，提供“即插即用”的电力通信保障，为电力用户与分布式能源提供信息交互通道。

1. 智能配电通信网业务所覆盖的节点

（1）ADO 中高级配电自动化、网络保护、分布式能源接入。

（2）AMI 中智能电表和负荷控制管理。

（3）AAM 中设备运行状态监测。

2. 智能配电网的具体业务类型

（1）纵联保护。

（2）高级配电自动化。

（3）储能站监测管理。

（4）分布式能源站 SCADA、AGC、AVC 控制。

（5）分布式能源站负荷预测。

（6）智能电能表（台区集中点）。

（7）负荷需求控制管理。

（8）设备运行监测信息。

各类业务覆盖面、通信通道指标需求不尽相同，需要根据实际需求进行分析配置。配网通信主要通过光通信、无线通信、低压电力线载波等方式，为智能配电网的监测、控制以及用户互动等业务提供安全可靠的通信手段。

三、智能配电网对通信的业务需求

智能配电网通信业务主要分为实时控制业务和非实时监测、管理业务。其中：实时控制业务适用于高可靠、低时延的光纤通信平台；非实时监测、管理业务适用于覆盖广泛的无线宽带通信平台，利用应用层重传机制保证信息的非实时传送。就 110 kV 变电站的覆盖范围所建立的通信网，其光传输网上流量总计为 85 Mbit/s。其中：

（1）110 kV 变电站覆盖范围的配网无线宽带通信带宽需求，共为 12 Mbit/s，包括：

①分布式能源站负荷预测 60 Kbit/s。

②智能电能表 2 Mbit/s。

③负荷需求控制管理 1 Mbit/s。

④设备运行状态监测信息 8 Mbit/s。

（2）110 kV 变电站覆盖范围的配网光纤通信带宽需求，共为 73 Mbit/s，包括：

①纵联网络保护 60 Mbit/s。

②高级配电自动化 9 Mbit/s。

③分布式能源站 SCADA、AGC、AVC 控制 360 Kbit/s。

④储能站监测管理 4 Mbit/s。

1. ADO 通信需求

（1）纵联网络保护。智能配电网不再采用源端电流保护方式，而是利用配网通信通道实现纵联网络保护方式。配电网线路保护不必考虑系统稳定性因素，只需考虑保护电力元器件，故而保护的快速性指标要求不太高（为 500 ~ 700 ms），通信通道时延应不大于 100 ms，带宽级别为 64 Kbit/s ~ 1 Mbit/s。

（2）高级配电自动化。智能配电网通信需满足配电网设备（FTU、DTU、TTU）监测信息、自愈控制信息、故障定位信息的传送。智能配电网自愈动作速度要求为小于 3 s，考虑元件采集和调度系统处理时间因素，双向通信通道时间应小于 1 s，单向通信时延要求小于 500 ms，带宽级别约为 30 Kbit/s。

（3）分布式电源、储能站。①储能站状态监测、控制、管理信息与配电网调度端交互通信时延为秒级，带宽级别为 64 Kbit/s ~ 1 Mbit/s。②分布式能源站（DER）的 SCADA、AGC、AVC 控制信息与配电调度端交互通信时延为秒级，带宽级别约为 30 Kbit/s。③分布式能源站负荷预测曲线采样频率通常为 96 次/h，即每 15 min 一个采样点，将 96 点预测点曲线数据上传调度端，24 h 通信时延为分钟级，带宽级别约为 5 Kbit/s。

2. AMI 通信需求

（1）智能电能表。智能电能表实时采集用户的用电量信息，智能家电用电功率、状态等信息给配电调度，向用户传送实时电费、分时电价、智能家电控制等信息。

每一电能表的信息量按 300 字节/15 min 考虑，带宽 <0.01 Kbit/s。通信方式是各智能电能表通过 RS485 电缆、载波、WIFI 等方式汇聚到台区集中

点，再通过配电通信网上送。

（2）负荷需求侧管理。针对大负荷用户的特殊需求和影响，需要进行负荷需求侧管理，包括负荷预测、电能质量监测、负荷控制参数下发等功能。负荷需求侧管理带宽为SK级别，时延为分钟级。

3. AAM通信需求

设备全生命周期管理的业务是智能电网的新需求，以使电网资产利用率得到提高。需要对全网设备（包括线路）运行状态进行在线监测，提高检修效率，延长使用寿命。设备运行状态监测业务为秒级，单点流量约为4 K，配网范围内监测信息点将包括变压器、断路器、避雷器、二次设备、线路故障指示器等（每一110 kV变电站监测信息量约为2 000个）。

四配网通信方式比较

1. 有线通信

（1）光纤通信。光纤信是以光波作为信息载体，以光导纤维作为传输介质的通信手段。光纤通信的主要特点是抗电磁干扰能力强、传输速率高、传输容量大、频带宽、传输损耗小等，可作为语言、数据和图像的传输。光缆的种类有地线复合光缆（OPGW）、地线缠绕光缆（GWWOP）、无金属自承式光缆（ADSS）等，具体将与光端设备配套，选用单模光纤和多模光纤。

（2）配电线载波通信。配电线载波通信是以6～10kV配电线路为传输通道，采用移频键控（FSK）和调频技术相结合的调制方式，应用先进的DSP数字信号处理技术和集成电路技术来实现数话同传的通信方式，具有通道可靠性高、投资少、见效快和随电力线路同程的优点。

（3）现场总线通信技术。同一区域内部各个智能模块之间的通信（如级联方式的各FTU之间互通），以及区域智能设备之间的通信（如站间的FTU之间、FTU与TTU之间的通信等）多选用现场总线型（即开放式、数字式、多点通信的底层控制网络，传输媒介主要采用双绞线）方式。

（4）拨号通信。利用市话线路拨号，易于双向通信。但因需要拨号不能自控，某些功能受到一定的限制，成本较高。

（5）音频通信。音频通信方法比较经济适用，通信线的布置及各通信端的连接无特殊要求，且造价较低和容易实施；但易受环境影响，特别是与高压配电线路同杆架设时会受强电磁场的干扰而影响通信质量。

2. 无线通信

无线通信方式具有覆盖面广、施工相对容易、施工周期短等特点，能够和停电区域通信。包括以下几种形式：

（1）高速智能数传电台。高速智能数传电台通信速率高，频点可复制，支持 X. 25 协议，具有路由选择功能和主动上报功能，适合配电自动化系统，常采用 800 MHz 信道。

（2）一点多址微波通信。一点多址微波通信是指利用特有的设备，并采用某 300 MHz ~ 3 000 GHz 的频段进行通信的方式。因微波传输受气候、地理环境等的影响较大，因此，在本系统没有微波通信的条件下，一般不予考虑。

（3）无线扩频通信。无线扩频通信具有抗干扰能力强、系统误码率低、建设方便、投资少等特点，在配电网自动化系统中广泛应用。主要用于实现配电子站至主站的通信，还可用于 10 kV 开关站、小区变电站与配电主站的通信。

（4）卫星通信。卫星通信是指利用通信卫星作为中继站来转发或反射无线电波信号，在地面间进行通信的方式。在配电网自动化系统中，采用 GPS 卫星全球定位系统来统一系统时间，提高 SOE 站间分辨率指标。卫星通信优点很多，但信道的租用费用相当昂贵，使用受到限制。

五、智能配电网通信方案

1. 基本要求

智能配电通信网建设除满足各类业务通道要求外，还需满足安全、可靠和经济性三点基本要求。

（1）安全性方面，根据《电力二次系统安全防护规定》及《电力二次系统安全防护总体方案》的要求，电力二次系统安全防护工作应坚持“安全分区、网络专用、横向隔离、纵向认证”的原则。智能配电网中的纵联保护、配网自动化、能源站监测、负荷控制等业务均属于电力监控系统的范畴，必须使用专用网络的生产控制大区来承载完成。

（2）可靠性方面，智能配电网应考虑通道备用、自愈功能满足智能配电网高可靠性要求。通信设备的可靠性应具备工业级要求，电源、机房环境等基础设施应有一定的可靠保障能力。

（3）经济性方面，因配电网业务点数量十分庞大，智能配电通信网应根据业务发展情况，区分保障和覆盖类型通信节点，合理选择通信方式，实现经济覆盖要求。

此外，先进性、实用型和可扩展性在智能配电通信网建设时也须考虑。

2. 通信方案

根据智能配电网通信的业务需求，智能配电网的通信方案是：以光纤通信实现重点保障，无线通信实现广泛覆盖，载波通信作为接入补充，智能配电通信网技术方案结构示意如图2-5所示。

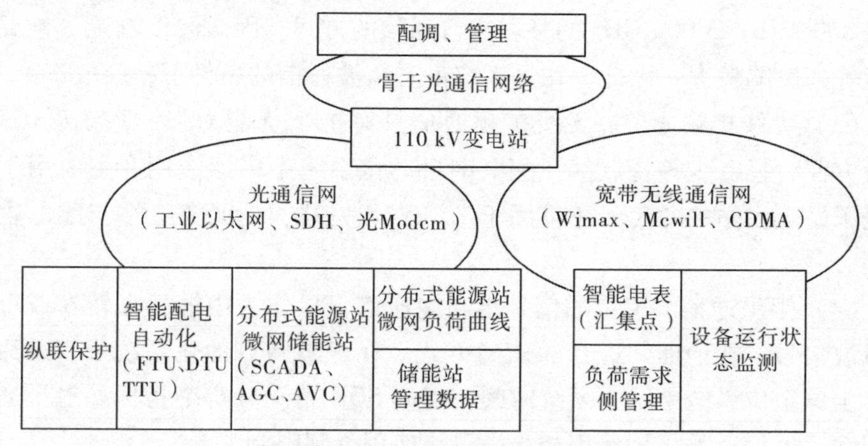

图2-5　智能配电通信网技术方案结构示意图

110 kV变电站光纤通信覆盖纵联保护装置、配网自动化监测节点、分布式能源站、独立储能站、重要负荷管理节点，通信通道实现装置之间及各节点至配电调度之间的光纤传输。要求采用155 M SDH环网或100 M工业以太环网传输方式，且具有自愈功能。

智能电能表台区汇集点和设备运行状态监测节点除了光通信覆盖之外，还采用宽带无线通信或租用公网无线通信方式进行数据传输，实现智能电表双向信息和设备运行状态信息至配网管理站的无线通信。每个无线接入点流量为SK，汇聚到110 kV变电站基站流量为12 Mbit/s。

根据智能电能表到台区汇集点距离的远近，可采用RS485电缆、WIFI、电力载波等方式灵活接入，实现智能电能表的广泛接入。台区汇集点至智能电能表的流量为0.01 Kbit/s，汇聚后流量为5 Kbit/s。

智能配电通信网的具体建设方案要根据地区实际情况，包括配电网电压等级、电网结构、业务（含扩展）需求等而定。配电自动化通信架构如图2－6所示。

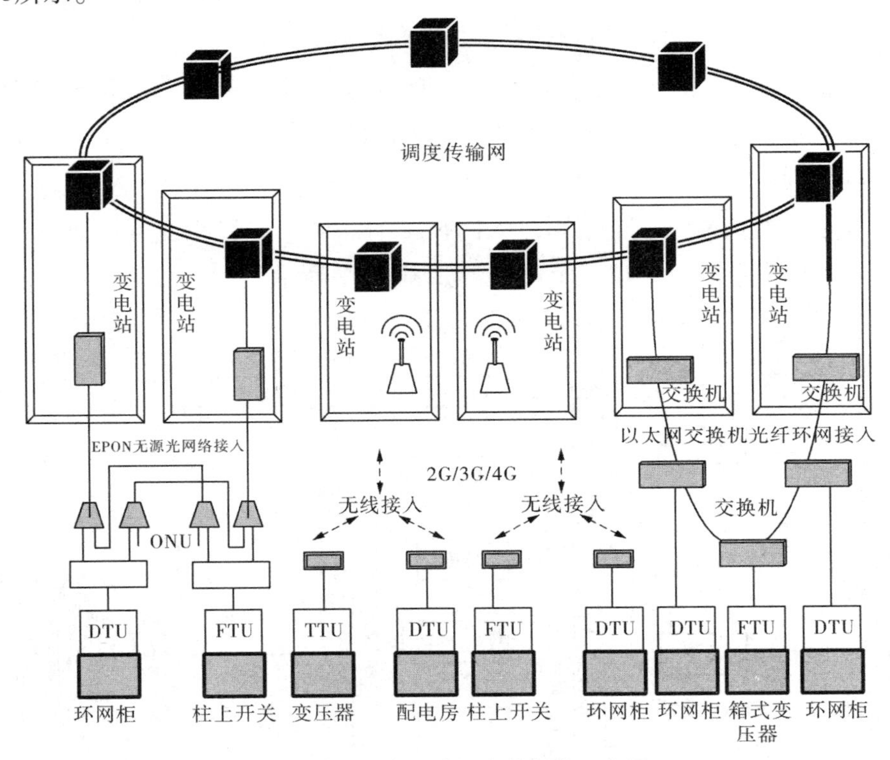

图2－6　配电自动化通信架构示意图

六、智能变电站与通信

1. 智能变电站概述

智能变电站是由智能化一次设备、网络化二次设备为主体，以IEC61850通信技术方法，分层构建的能够实现设备间信息共享和智能管理的现代化变电站。与常规变电站相比，智能变电站间隔层和站控层的设备及网络接口，仅有接口和通信模型变化，而过程层设备及其连接设备则发生了重大变革，由传统的电流（电压）互感器、开关等一次设备以及一次设备与二次设备之间的电缆连接，改变为电子式互感器、智能化开关设备、合并单元与光纤连接。

2. 智能变电站体系结构与通信网

IEC61850通信技术方式将智能变电站分为过程层、间隔层和站控层，各层内部及各层之间采用高速网络通信。整个系统的通信网络可分为站控层通信网和过程层通信网，其中：站控层通信网负责站控层与间隔层之间的信息交流；过程层通信网负责间隔层与过程层之间的信息交流。

站控层通信全面采用 IEC61850 标准，监控后台、通信管理机和保护信息子站等设备信息均可直接接入 IEC61850 装置。通过 IEC61850 工程工具，可以实现不同厂家设备的数据信息交互。

变电站通信网是一个采用以太网技术的局域网。智能变电站通信网分为过程层、间隔层和站控屋 3 个层级，如图 2－7 所示。

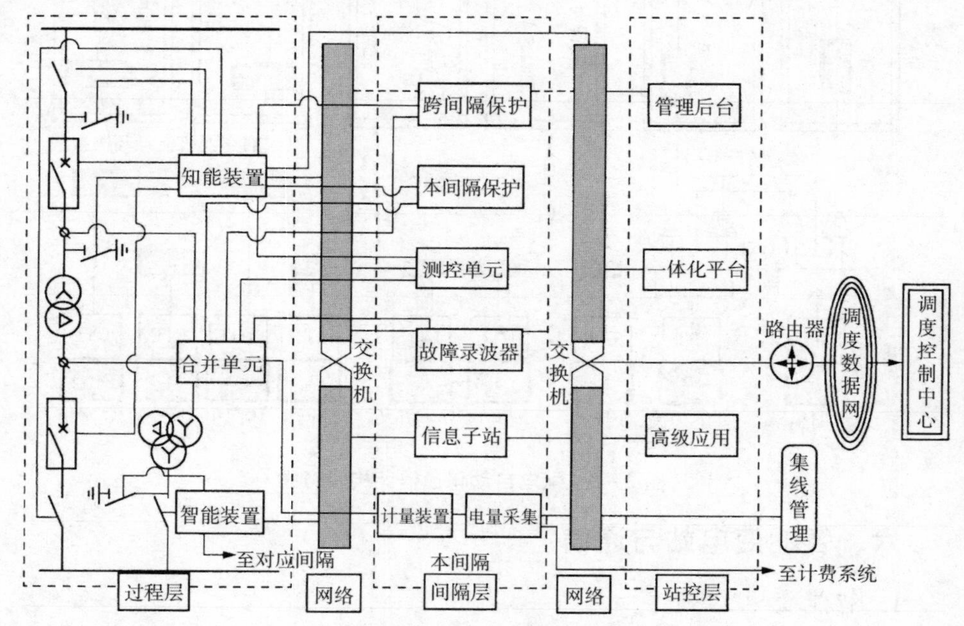

图 2－7　智能化变电站通信结构示意图

过程层包含由一次设备和智能组件构成的智能设备、合并单元和智能终端，完成变电站电能分配、变换、传输及其测量、控制、保护、计量、状态监测等相关功能。根据相关导则、规范的要求，保护应直接采样，对于单间隔的保护（即本间隔保护）应直接跳闸，涉及多间隔的保护（即跨间隔保护，如母线保护）宜直接跳闸。

智能组件是灵活配置的物理设备，可包含测量单元、控制单元、保护单元、计量单元、状态监测单元中的一个或几个。

间隔层设备一般指继电保护装置、测控装置、故障录波等二次设备，实现使用一个间隔的数据并且作用于该间隔一次设备的功能，即与各种远方输入/输出、智能传感器和控制器通信。

站控层包含自动化系统、站域控制系统、通信系统、对时系统等子系统，实现面向全站或一个以上一次设备的测量和控制功能，完成数据采集和监视控制（SCADA）、操作闭锁以及同步相量采集、电能量采集、保护信息管理等相关功能。

站控层功能应高度集成，可在一台计算机或嵌入式装置实现，也可分布在多台计算机或嵌入式装置中。

七、配网的4G通信技术

4G通信新技术比3G通信更具有优势，在智能化配电通信网中将得到广泛的应用。

1. 4G通信的基本特征

第四代移动电话行动通信标准，指的是第四代移动通信技术，即所谓的4G。该技术包括TD－LTE和FDD－LTE两种制式，集3G与WLAN于一体，并能够快速传输数据、音频、视频和图像等高质量信息。4G比目前的家用宽带ADSL（4 Mbit/s）快25倍，并能够满足几乎所有用户对于无线服务的要求。

2. 4G通信的优缺点比较

（1）优点：通信速度快、网络频谱宽、通信灵活、智能性能高、兼容性好、提供增值服务、通信质量高、频率效率高、费用低。

（2）缺点：标准多、技术难、终端容量受限、市场消化困难、投资大、成本高。

3. 4G通信技术在配电自动化的应用

3G和4G通信技术应用于配电网具有许多优势，其覆盖面广泛，是双向通信系统，支持数据的双向传输，适于分布广泛、有下行操控指令和上行监测数据传输需求的配电网终端监测点接入。在低速环境下，3G的通信速率在2 Mbit/s以上，而4G的通信速率达到上行50 Mbit/s，下行100 Mbit/s以上，完全能够满足配电网自动化的信息传输要求。4G通信技术在配电自动化的应用如图2－8所示。

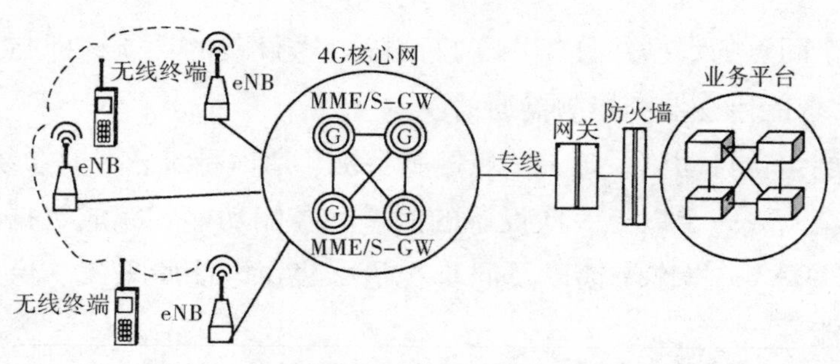

图 2-8　配电自动化系统 4G 通信技术应用示意

4G 通信采用更趋于扁平化的网络架构，仅由 eNB 组成节点，降低了呼叫建立时延及用户数据的传输时延。无线接入终端从驻留状态转换到激活状态的时延在 100 ms 以内，数据传输时延在 10 ms 以内，完全满足配电自动化对响应时间和数据传送时间的要求。

4. 配电自动化 4G 通信的安全保障

为保证数据传输的可靠性，与 3G 一样，4G 也使用了混合自动重传请求（Hybrid Automatic Repeat Request，HARQ）进行链路差错控制。HARQ 同时使用 FEC（forward Error Correction，前向纠错）和 ARQ（Automatic Repeat-Request，自动重传）技术，以保证数据吞吐量和可靠性。并且，也具有用户认证机制，对传输数据进行加密处理，加之防火墙隔离，保证配电自动化系统的安全可靠性。

第三章　配电网 SCADA 系统

第一节　配电网 SCADA 系统的特点

数据采集与监控（Supervisor Control And Data Acquisition，SCADA）系统，是配电网自动化的基础，也是配电系统自动化的一个底层模块。

电力网可分为输电网和配电网两个部分。相应地，SCADA 系统也可分为输电网 SCADA（TSCADA）系统和配电网 SCADA（DSCADA）系统。输电 SCADA 系统应用较早，技术比较成熟。近几年，随着城乡电网改造和配电自动化系统的建设，SCADA 系统被引进到配电网监控中。虽然配电网 SCADA 系统起步较晚，并且在功能上和输电网 SCADA 系统基本相同，但由于配电网的结构较输电网复杂，而且数据量大，因此配电网 SCADA 系统更复杂。配电网 SCADA 系统有如下一些特点：

（1）配电网 SCADA 系统的基本监控对象为变电站 10 kV 出线开关及以下配电网的环网开关、分段开关、开闭所、公用配电变压器和电力用户，这些监控对象除了集中在变电站的设备，还包括大量的分布在馈电线沿线的设备（例如柱上变压器、柱上开关、刀开关等），数据分散、点多、每点信息量少，所以采集信息比输电网困难。

（2）配电网设备多，数据量一般比输电网多出一个数量级。

（3）配电网的操作频率及故障频率远比输电网要高，因此配电网 SCADA 系统要求比输电网 SCADA 系统对数据实时性的要求更高；此外，配电网 SCADA 系统除了采集配电网静态数据外，还必须采集配电网故障发生时候的瞬时动态数据，即采集的信息还应能反应配电网故障，如短路故障前后的电压和电流。

（4）低压配电网为三相不平衡网络，而输电网是三相平衡网络，为考虑这个因素，配电网 SCADA 系统采集的数据和计算的复杂性要大大增加，SCADA 系统图形显示上也必须反映配电网三相不平衡这一特点，所以两者无论在计算上还是在 SCADA 系统图形监视上，也不尽相同。

（5）对配电网而言，需要有建立在 SCADA 系统之上的具有故障隔离能力和恢复供电能力的自动操作软件。

（6）配电网因其点多面广，所以配电网 SCADA 系统对通信系统提出了比输电网更高的要求。

（7）配电网直接连接用户，由于用户的增容、拆迁、改动等原因，使得配电网 SCADA 系统的创建、维护、扩展工作量非常巨大，因此配电网 SCA-DA 系统对可维护性的要求也更高。

（8）配电网管理系统 DMS 集成了管理信息系统 MIS 的许多功能，对系统互连性的要求更高，配电网 SCADA 系统必须具有更好的开放性。此外，配电网 SCADA 系统必须和配电地理信息系统 AM/FM/GIS 紧密集成，这是输电网 SCADA 系统不需要考虑的问题。

第二节 配电网 SCADA 系统组织的基本方式

一、配电网 SCADA 系统测控对象

配电网 SCADA 系统的测控对象包括如下内容：

（1）10 kV 线路的分段开关、联络开关的监控。为了对 10 kV 线路上分段和联络开关进行远方测控，必须将各柱上开关改造成为具有低压电动合闸和跳闸操作机构可实现远方控制的真空开关，并和开关同杆安装馈线远方终端单元（FTU）。监视内容包括开关状态、三相电流、三相电压、有功功率、无功功率、故障电流等。控制内容主要是负荷开关、联络开关的遥控操作。10 kV 线路上集抄系统的数据也可通过集抄装置和 FTU 通信，由 FTU 送采集电量信息。

（2）10 kV 配电变压器的监控。为了对 10 kV 线路上的柱上配电变压器进行远方测控，必须在变压器台处安装配电变压器远方终端单元（TTU）。配电变压器远方终端单元采集 10 kV 线路沿线配电变压器的有功功率、无功功率、电流、分接头位置等信息；还与 FTU 通信，并通过 FTU 转发上送数据。

（3）10 kV 开闭所和重要配电变电站的监控。为了对 10 kV 开闭所和重要配电变电站进行远方测控，必须在开闭所和配电变电站内安装远方终端单

元（RTU），通过RTU采集开关状态、母线电压、进出线功率和电流、配电变压器功率和电流等信息，并进行开关的遥控操作。

相对而言，10 kV开闭所、配电变电所的数量较馈线上的开关更少，但站内RTU采集的数据容量却要比与馈线开关同杆架设的FTU更大。即变电站的数量少但采集的数据容量大；馈线开关的数量众多但采集的数据容量却较小。

（4）监视为配电网供电的110 kV变电站中的10 kV出线。对于配电网而言，变电站的10 kV出线就是网络的电源。在配电网SCADA系统中对于10 kV出线主要以监视为主，监视内容包括出线的有功功率、无功功率、三相电流、三相电压、功率因数等。由于地（县）的调度自动化系统或变电站综合自动化系统中都有变电站10 kV出线的监控手段，因此对于这一监控对象，采用的监控办法主要是从已有的监控系统中向配电网SCADA系统增加数据转发接口。

二、区域工作站的设置方法

由于配电网SCADA系统存在大量、分散的数据采集点，且与配电自动化的其他几个子系统（如负荷监控、管理系统和远方抄表与自动计费系统）相比，配电网SCADA系统对于数据传输的实时性要求又最高，因此，配电网SCADA系统的系统组织关键是以切实可行的方式，构造既可靠又有效的通信网络系统。

根据配电网SCADA系统的系统规模、复杂程度和预期达到的自动化水平，恰当地进行通信层次的组织和选择通信方式，是构造配电网SCADA系统通信的主要工作。

与输电网自动化不同，由于要和在数量上多得多的远方终端通信，因此如何降低通信系统的造价，并满足配电网SCADA系统的要求，成为设计人员面临的重要问题。

由于配电网SCADA系统的测控对象既包含较大容量的开闭所和小区变，又包括数量极多但单位容量很小的户外分段开关，因此宜采用将分散的户外分段开关控制器集结成若干个点（称作区域站）后，再上传至控制中心。若分散的点数太多，甚至可以作多次集结，如图 3－1 所示，这样既能节约主干信道，又使得控制中心 SCADA 系统网络可以继承输电网自动化的成果。

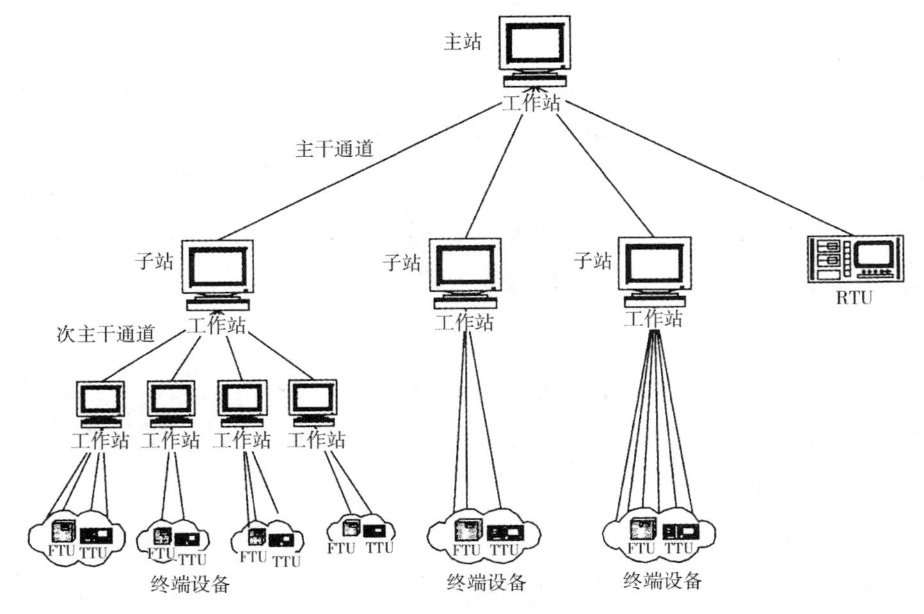

图 3－1　配电网 SCADA 系统的分层集结体系结构

区域工作站的设置可以有两种方式：

（1）按距离远近划分小区，将区域工作站设置在距小区中所有测控对象（包括 FTU、TTU 和开闭所、配电变电站 RTU）均较近的位置，这种方式适合于配电网比较密集，并且采用电缆或光纤作通道的情形，银川城区配电自动化系统就采用的这种方式。

（2）将区域工作站设置在为该配电网供电的 110 kV 变电站内。这种方式适合于配电网比较狭长，并且采用配电线载波作通道的情形，宝鸡市区配电自动化系统就采用这种方式。

二、体系结构

鉴于配电网 SCADA 系统的监控对象的特点，配电网 SCADA 系统一般采用“分层集结”的组织方式，视实际具体情况可分为如下几个层次：

1. 配电网络终端设备

配电网络终端设备是指硬件层上的各种数据采集设备，如各种 FTU、

TTU、RTU 及各种智能保护设备、控制设备等，位于远方现场，主要实现数据采集、调节、信息上传和本地控制等功能。

2. 通信网络

系统的通信网络主要用于 RTU 与主站通信或与其他 RTU 通信，FTU 与上级子站的通信，子站与主站的通信等。可采取的通信方式详见第五章通信系统的介绍，配电自动化系统中有近 20 多种可以采用。RTU 可支持的通信方式有主站触发的通信方式和 RTU 触发的通信方式。可靠的通信网络是配电自动化的必要条件，实时性是通信网络的特点。

3. 子站

子站又称为区域工作站，它实际上是一个集中和转发装置，它既要通过查询向各现场终场收集、查询信息，存入实时数据库中，又要负责向控制中心主站上报信息。

4. 主站

主站是整个配电自动化网络结构的控制中心，接收子站信息的上传并下达相关的命令。

以上这种分层集结的 SCADA 系统组织方案在我国配电自动化工作开展中，可以根据具体情况来进行。

（1）对于无条件一次性建立起配电自动化系统的城市，可先选择一个或几个小区进行配电自动化试点，然后逐步推展开来。这时在集控站或者小区变电站设置 SCADA 系统子站，即使配电自动化主站系统还没有建立起来，也能独立完成小区内配电网的 SCADA 系统监控功能，有利于分步实施。

（2）对于有条件一次性建设 SCADA/DA/DMS 主站的电力部门来说，在集控站或者小区变电站设置 SCADA 系统子站也有好处。首先，它能减少主站数据处理数量，提高系统响应速度；其次，当主站出现故障时子站系统还能独立运行，提高了系统可靠性；另外，子站可以作为数据集中器，转发小区内 RTU、FTU 及其他自动化装置的数据，从而优化通信信道的配置，降低通信系统的投资。

第三节　配电网 SCADA 系统的功能

配电网 SCADA 系统的功能非常丰富，具体介绍如下：

1. 数据的采集与交换功能

SCADA 系统通过通信信道，实时采集各种信号，如各监控终端的模拟量、状态量、脉冲量、数字量等数据，并存入系统数据库中，实现采集处理功能，同时向各终端发送各种信息及控制命令。

（1）数据采集

①模拟量采集。通过扫描方式或超值方式，采集诸如主变压器及配电线路的有功功率、无功功率、电流、各种母线电压、系统频率，及其他测量值等。

②状态量采集。通过状态变化响应或周期扫描的方式，采集诸如断路器位置信号、有载调压变压器分接头位置、继电保护事故跳闸总信号、预告信号、隔离开关位置信号、自动装置动作信号、装置主电源停运信号和事件顺序记录等。

③脉冲量采集。按设定的扫描周期来采集各终端送来的脉冲电能量等。

④保护信息的采集。对于已安装微机保护或已实现变电站综合自动化的电站，还可采集保护开关量状态、保护定值、保护测量值、保护故障动作、保护设备自诊断信息等数据。

（2）数据交换

①与负荷监控系统的数据交换。SCADA 系统将采集到的电能量、电压水平和过负荷数据提供给负荷监控系统，使其按设定进行过负荷限载、移峰填谷和调整负荷曲线，以降低供电成本。采用网络数据库访问方式，可以在应用服务器上直接访问负荷主站数据；采用 WEB 镜像服务器方式，系统也可以为负荷控制的访问提供数据，从而实现数据共享。

②与配电地理信息系统（GIS）、DMS 的数据交换和传输。电力系统中的 SCADA 系统主要是为调度提供服务的实时数据的采集和监控系统，对需占用

大量 CPU 资源和网络资源的数据处理能力相对较弱，而 DMS 的优势正是可以进行大量的数据整理、分析、统计和存储，所以实现 SCADA 系统与 DMS 的数据交换和共享，并利用 DMS 对 SCADA 系统数据进行二次开发、利用和储存，对满足电力系统各业务部门的不同需求有着重要的意义。

在 DMS 中，SCADA 系统数据库和 DMS 数据库向 GIS 数据库提供电网的实时信息和应用软件的分析计算结果，以利用 GIS 画面输出信息，并定时刷新，使 GIS 具有实时性。GIS 数据库还向 SCADA 系统数据库和 DMS 数据库提供某些输入信息，如人工设置、状态设置和设备参数等。当 GIS 数据库中的数据发生变化时，则通过数据交换将这一变化及时提供给 DMS 数据库和 SCADA 系统数据库，以保证应用软件分析计算结果和 SCADA 系统信息的正确性。

③与用电营业管理系统的数据交换。采用网络数据库访问方式，可以在应用服务器上直接访问用电营业管理的数据；采用 WEB 镜像服务器方式，系统也可以为用电营业管理系统客户端的访问提供数据，从而实现数据共享。

④与 MIS 的数据交换。采用网络数据库访问方式，可以在应用服务器上直接访问 MIS 的数据；采用 WEB 镜像服务器方式，系统也可以为 MIS 客户端的访问提供数据，从而实现数据共享。

⑤与地调 SCADA 系统的数据交换。配电网系统和调度网系统是同一电网不同电压等级的管理系统，两个系统之间一般需要进行实时数据交换，两网间的网络连接可以满足此需要。网络通信协议和通信规约需依照 TCP/IP、国家颁布的电力系统实时数据交换应用层协议和电力行业标准规约，也可采用串口通信方式，以 CDT 等部颁规约在前置工作站上实现数据交换。

⑥与故障保修系统的数据交换。

⑦与 RTU、FTU、TTU 的数据交换。

2. 数据处理与计算功能

(1) SCADA 系统采集数据后，会立即进行相应的数据处理。

①模拟量数据处理（YC）包括：数值的合理性检查、进行工程量转换、更新实时数据库、可进行多级限值检查、变化速率检查、零值死区处理、功率总加和电量总加。

②状态量数据处理（YX）包括：合理性检查及报警、逻辑处理及手工状态输入、虚拟遥测和复合遥信的计算。

③脉冲量数据处理（YM）包括：实时保存上一周期的脉冲值，计算出本周期内的电量；对无脉冲量的测点，可采用积分电能的方法计算电量；系统可设定高峰时段、低谷时段及腰荷时段，计算出各时段电量；计算结果存入实时数据库和历史数据库。系统对所有设备均可进行挂牌操作，即加上某些标志，在图形上有明确的图符及相应的颜色，以提醒人们注意；挂牌状态存入数据库。

（2）SCADA 系统的计算功能随系统启动而启动，需在线完成系统设置的计算点的计算任务，按照数据变化及规定的周期或时段，不停地处理各种计算点，对模拟量、数字量及状态量数据均可进行计算。

①数值计算包括：四则运算、逻辑运算、数学函数运算和组合公式计算。

②历史数据计算包括：计算视在功率、计算电流、计算功率因数、计算各厂站有功功率总加及电量总加、供电量的统计、每日负荷各种指标的统计、电压合格率和越限时间累计统计。

3. 控制功能

（1）单独遥控。实现对系统中某单一对象运行状态的控制。

（2）程序遥控。一系列单独遥控的控制序列组合，包括所内程控和所间程控。

（3）遥控试验。遥控试验操作过程和实际遥控操作相同，只是不对实际控制对象进行操作。

（4）复归操作。实现对被控站声光报警等信号的复归操作功能。

（5）模拟操作。包括模拟合闸和模拟分闸。

（6）闭锁、解锁操作。对单个、批量以及整个变电站的设备进行遥控闭锁操作。

（7）其他安全操作。提供挂地线操作、挂检修牌操作等挂牌操作，系统自动对挂牌对象实现闭锁操作。

4. 事件顺序记录功能（SOE）

电力系统如有故障发生，通常是由多个继电保护器和断路器先后动作。

将这些动作的先后顺序和次数，用毫秒级时间标记并记录下来，以供调度人员及时分析和判断故障，进行事故分析和做出运行对策。时间顺序记录的主要指标是动作时间分辨率，分为站内动作时间分辨率和站间动作时间分辨率两类，前者由 RTU 保证，一般可做到 1 ms，后者由 RTU 和整个系统对时来保证，可达到 10～20 ms。

5. 事件顺序追忆功能（PDR）

事件顺序追忆是数据处理的增强功能，通过采集数据模拟量、开关量等，完整、准确地记录和保存电网的事故状态，使调度员在一个特定的事件（扰动）发生后，可以重新显示扰动前后系统的运行情况和状态，以进行必要的分析。时间段长度可由远动维护人员在系统参数库软件中修改，事故前的追忆点数和事故后的延续点数都可在参数中修改，事故追忆的结果自动存盘，以供事后分析用。

（1）事件追忆启动。当事先定义的事件条件满足后，系统就激发事故追忆程序，用于记录事故发生前后一段时间内系统的实时运行状态，包括多个电力系统的实时断面及断面之间的所有事件。

（2）事故重演。调度人员可以通过调度工作站进行事故重演，包括可以同时运行实时画面，可以选择已经记录的时段中的任何一小段时间内的电力系统状态进行重演，可以设定选定的小时间段中的任意时刻作为事故重演的起始时间，可以设定事故重演的速度，可以随时暂停正在进行的事故重演，也可以重新选定一个小的时间段的系统状态进行重演。

（3）事故分析。可以选择要分析的对象，可以选择已经记录的各个时间段中的任意一个小的时间段的系统状态进行分析，可以将这些被分析对象的状态及其发生时间作为分析结果，在画面上显示出来，或者作为文件保存或打印输出。

6. 人机界面功能

系统数据库中的遥信状态和遥测数据通过人机界面（图形、报表、曲线、数据库界面等）真实反映供电系统的实时状况。人机界面通常安装于调度员工作站，所有的交互操作都通过配有彩色显示器、键盘和鼠标的工作站进行，提供跨平台、跨应用的统一图形平台，全网画面共享并提供图形的一致性维护。人机界面采用全图形工作站，其图形子系统提供功能强大的图形编辑功能，系统提供报表、曲线、饼图、直方图、棒图、仪表盘图等各种图形。

（1）调度员界面显示与操作功能：

①变电站一次接线图及配网逻辑图的实时数据刷新显示，接线图可打印输出。

②设备参数显示与查询。

③具有任意模拟量的曲线趋势图，其坐标轴量程可自动或人工设置，曲线可打印输出。

④在线数据查询、复制和历史文档打印。

⑤通道运行监视、报警和统计功能。

⑥特色窗口功能，实现不同窗口显示不同画面。

⑦图形的放大或缩小功能，图形的层面设置、显示以及自动切换功能，图形的导航功能。

⑧图形的线路动态着色功能和潮流方向标志功能。

⑨在线配电网设备的检修与线路检修的挂牌功能。

（2）系统的设备管理和监视功能：

①系统实时运行工况。

②各子系统运行情况。

③系统配置图及运行情况。

④RTU、FTU、TTU 配置图及运行情况。

⑤主机运行监视和故障自动切换。

⑥网络运行状态监视及网络数据传输监视。

⑦各节点系统运行进程状态监视和在线编辑。

7. 数据库管理功能

系统采用标准、开放并符合实时系统要求的数据库，将商用的分布式关系型数据库与实时系统数据库进行有机结合。系统的所有功能设计基于实时数据库和历史数据库的应用设计，可实现与高级功能应用数据库的同一管理，为系统扩充功能提供便利。

（1）实时数据处理功能。变电站综合自动化系统提供对系统运行参数的实时交流采样，并将采样信息传送到控制中心的 SCADA 电力监控系统。控制中心的 SCADA 系统对遥测数据进行合理性校验和工程量处理，将数据存入系统数据库中。系统能自动维护任一节点上的数据库的修改，保持主数据库与备用数据库的一致性，并且在系统故障时具备数据库恢复和重新启动功能。

（2）历史数据处理功能。历史数据存储于通用关系数据库中。历史数据库安全性高、容量大、开放性好，并具有标准的数据库接口。历史数据的类型主要包括：测量数据、状态数据、累计数据、数字数据、报警数据、时间顺序记录数据、继电保护数据、安全装置数据和事故追忆记录等。历史数据可定期转储和备份，并可随时恢复。数据从系统运行之日起开始存储，用户可手工删除过期历史数据，还可为负荷预报等规划应用提供连贯的历史资料。

8. 打印输出功能

通过系统信息打印的管理功能，可提供实时打印、定时打印、随机打印功能，支持对图形、报表、曲线、报警信息、各种统计计算结果等的打印输出。

9. 智能操作票功能

操作票的基本内容主要包括：操作任务（供电、停电）选择、操作设备（线路、母线、变压器、保护及其他共五类）选择、电压等级（如 10 kV，110 kV 等）选择，以及其他一些属性选择。

（1）运行模式。该系统能够以正常模式或培训模式运行：

①在正常模式下，操作票系统和监控系统一起在线运行，并且操作票系统和监控系统的设备状态将一致。在该状态下，用户如果修改了系统数据，操作票系统退出时，相应数据将进行保存。

②在培训模式下，操作票系统可以进行操作票快速模拟，即将操作票专家系统当前设备的状态改成执行了操作票后的状态。在启动时，操作票系统从监控系统中取得各个设备的当前状态，运行过程中设备状态的变位并不反映到操作票系统。此外，该模式下如果用户修改了系统数据，则操作票系统退出时，相应数据不保存。培训模式提供对操作人员、运行维护人员的上岗培训功能，受训人员面对和实际系统同样的操作环境、操作界面，从而达到掌握系统运行管理、操作、日常维护、故障排除、替换故障元件等。系统在进行培训时，受训人员所做的全部操作不影响系统的正常运行。

（2）主要功能

①生成操作票。操作票的生成分为自动开票和手动开票两种方式。自动开票时通过自动开票界面选择好各项操作任务及任务属性后，让系统自动开出操作票；手工开票时用户事先在接线图上依次选择操作设备，并选择具体的操作，然后系统可以自动生成操作票。

②对操作票进行模拟操作。在接线图上可以进行模拟操作和设备状态的初设等。操作票系统结合图形系统，直接在计算机的接线图上进行模拟操作，以校验操作票的合理性。状态初设是指在接线图上通过电击某设备，使设备取反来设置设备开关状态，该功能在正常模式下使用。

③除了以上功能外，智能操作票系统还有修改操作票（添加、删除和编辑等）、保存操作票、打印操作票及系统自身维护（操作任务管理、系统设备管理等）等功能。

10. 系统安全功能

SCADA 系统的安全管理主要体现为口令功能和操作权限功能。

系统以任务为单位进行授权和权限控制，能对每一用户进行口令和操作权限的管理，能给不同的用户分配不同的系统访问和操作权限。

系统的操作权限可分为以下 4 个级别：

（1）值班类。可浏览和监视接线图、报表和曲线。

（2）调度员。与值班类权限相比，增加遥控权限，可手动切换主备机。

（3）系统维护员。可进行图形编辑、数据库生成和修改、报表和曲线的生成和修改、历史数据存储周期设定。

（4）系统管理员。具有计算机系统的组网和接点功能配置权限。可对所有控制操作实施完全检查，并提供详细记录以备查。

SCADA 系统本身应具备高度的容错能力：系统关键节点采用冗余配置，软件按照模块化设计，不同的软件模块能配置到不同的节点上，并且可定义模块在设备或软件故障情况下的功能转移，实现“$1+N$”软件容错功能。保证系统在任意单一故障（硬件节点、软件模块）的情况下能正常稳定地运行。

11. 报警处理功能

报警分为预告报警和事故报警。预告报警一般包括设备变位、状态信息异常、模拟量超限、监控系统部件的状态异常、就地控制单元的状态异常及通信异常等。事故报警主要包括非正常操作引起的断路器跳闸和保护装置动作信号。

报警主要分为4种：越限报警、变位报警、事故报警和工况报警。

报警方式由运行人员设置和试验，也可以被禁止。运行人员也可控制报警信息的流向，将不同的报警信息送给相应的人员。报警方式主要有画面闪烁、文字报警、报警表显示、报警内容打印、音响报警和语音报警。用户可以预先定义报警事件的类别以及选择报警方式。

报警处理主要有以下几种方式：

（1）系统发送信息到记录文件中。这种处理方式发生在操作人员进行系统设置、数据库编辑、占有通信通道时，或者在进行监视或控制电力系统的重要操作时，或者在一些点由扫描状态变动到手动状态时。

（2）自动撤销报警显示。当报警原因消除后，即可自动撤销。

（3）登陆报警并由操作员确认。确认方式包括仅清除事故报警音响、仅确认事故报警、确认事故报警并消除报警音响。

12. 通道监视、切换和站端系统维护功能

SCADA系统应能对RTU通信通道的状态及通信质量进行监视，并对各通道的通信出错次数进行统计。系统实时监视通道运行情况，能自动依据通道运行情况切换主备通道，同时提供手动切换功能。

由于配电终端装置量大面广，不易维护，不可能另外架设通信线路进行维护，所以利用系统的通道对其进行维护非常必要。维护工作站可以通过现有通道对站端系统进行远程维护，包括对FTU的运行监视和参数设置，提供在线时分段开关定值的远方设置和修改功能。维护方式分为遥调（参数设置）和遥控（动作控制）。

13. 系统时钟同步功能

主站系统接入标准天文时钟，向全网广播统一对时并定时与各FTU远方

对时，为系统后台处理提供唯一的时标，提高系统的时钟精度。也可由服务器提供串行口实现和子母钟的时间同步。

第四节 智能用电小区

一、智能小区概述

智能用电小区是智能电网用电环节建设的重要举措。智能小区的应用最早在20世纪80年代兴起于日本、欧美等地，20世纪90年代进入我国，当时主要是为了推销高档楼盘而做的一些智能化概念设计。进入21世纪后，随着房地产经济的蓬勃发展，我国很多地区开始建设居住区智能化系统。建设部于2000年批准了广州汇景新城、上海怡东花园等7个智能小区为国家康居示范工程智能化系统示范小区，同时组织行业专家开始进行居住区智能化相关标准研究和编制，并于2003年发布了行业标准CJ/T 174－2003《居住区智能化系统配置与技术要求》，这又大大促进了智能小区的发展。随着坚强智能电网建设的推进，国家电网公司明确提出要在用电环节建立智能用电服务体系。2011年国家电网公司确定新建22个智能小区试点工程，并发布了企业标准Q/GDW/Z 620－2011《智能小区功能规范》、Q/GDW/Z 621－2011《智能小区工程验收规范》，这对于加快试点工程建设、引导社会力量参与智能小区建设起到了积极的推动作用。智能电网技术的发展赋予了智能小区新的内涵，智能小区是利用现代通信、信息网络、智能控制、新能源等技术，通过构建小区智能化和信息化设施，实现资源共享、统一管理，为居民提供安全、舒适、方便、节能、开放的生活环境。智能小区实现了电网与用户之间的实时交互响应，用户使用电能更加灵活方便，同时也增强了电网的综合服务能力。智能小区是实现智能电网信息化、自动化、互动化要求的重要载体，对于实现节能减排、削峰填谷有着重要意义。

二、智能用电的发展目标

智能用电旨在建设和完善智能双向互动服务平台和相关技术支持系统，

实现电网与用户间能量流、信息流、业务流的双向互动，构建智能用电服务体系。智能用电的发展目标总结如下：

（1）节能环保。合理调配发供用三方资源，最大限度地发挥可再生能源的发电能力，最大限度地引导用户科学合理用电。例如，在智能小区建设中，布置电动汽车充电桩，并根据电网运行情况合理安排充电时段实现有序控制；小区内根据自然条件部署太阳能、风能等清洁能源，结合储能装置实现负荷高峰时段或停电时段的分布式电源向用户供电。

（2）实时友好互动。实现用户分类和信用等级评价，为用户提供个性化智能用电管理服务，满足不同情况下用户对用电的不同需求；通过建立完善需求侧管理、分布式电源综合利用管理系统等，为配网、调度相关系统提供数据信息，提高设备利用率；通过部署自助用电服务终端、智能交互终端等智能交互设备，为用户提供业务受理、电费缴纳、故障保修等双向互动服务。

（3）开放灵活。智能用电支持新能源、新设备的接入，可以实现从小到大各种不同容量的分布式电源、电动汽车、储能装置等新能源、新设备的即插即用式接入，快速响应市场变化和客户需求，实现对资源的最优化配置，成为电网电源的有益补充。

（4）技术先进、安全可靠。智能用电通过对小区供用电设备运行状况及电能质量的监控，故障发生时向配电自动化系统和95598互动平台等报送或转送故障信息，电力公司及时获知故障情况，迅速地汇总分析各方面信息，快速处理故障，尽快恢复供电。

三、系统构成

智能小区系统是在通信网络支撑下由各业务系统相互关联而构成的，业务系统包含用电信息采集系统、智能用能系统、充放电与储能管理系统、分布式电源管理系统、95598互动平台、智能量测管理系统、信息共享平台、营销业务管理系统等。

（1）用电信息采集系统。用电信息采集系统是智能电网用电环节的重要基础和客户用电信息的重要来源，它实现对用户用电信息的实时采集、处理和监控，及时为有关系统提供基础的数据支撑。

（2）智能用能系统。智能用能系统是对电力用户内部设备的用能信息进行采集、处理和实时监控的系统，通过家居智能交互终端及95598互动平台等多种途径给用户提供灵活、多样的互动服务，能更好地指导客户科学合理用电，为客户提供更完善的增值服务功能。

（3）充放电与储能管理系统。该系统根据用电信息采集系统提供的数据，制定有效的充放电方案，协调平衡电动汽车的有效充放电，提高设备利用率，并与营销业务管理系统实现信息交互，完成用户档案管理。

（4）分布式电源管理系统。该系统完成小区分布式电源的计量、监控和管理功能，对分布式电源的接入进行优化控制，可为配网、调度等相关系统提供信息。

（5）95598互动平台。95598互动平台通过人工服务和自动服务的方式，为客户提供业务咨询、信息查询、故障保修、投诉举报、信息订阅、客户回访等服务，同时为完善企业内部管理，为企业预测和决策提供全面、快速、准确的信息支持。

（6）智能量测管理系统。该系统包括智能化的计量数据管理、高级量测技术，可以实现计量准确可靠、计量故障差错快速响应等。

（7）信息共享平台。智能用电信息共享平台的数据来源于各个业务子系统的数据和智能用电外部系统的相关数据，改变了部门与部门之间、系统与系统之间因地理位置的分散而引起的信息分散问题，能够支撑智能用电各层次能量流、信息流、业务流的高度融合，实现信息的共享和业务的互动。

（8）营销业务管理系统。该系统可实现对不同业务领域的多个业务类进行统一管理，其功能包括新装增容及变更用电、线损管理、电费收缴及账务管理、计量点管理等。

四、智能小区应用实例

2009年6月，国家电网信通公司在北京莲香园小区和阜成路95号院开展用电信息采集、智能家居及增值服务等示范展示工作，为智能用电小区的研究和建设进行了前期探索。智能用电小区工程建设是将先进的智能电网新技术应用于居住区，提高人们生活水平，提升用电服务质量的一项伟大举措。随着2009年5月国家电网公司正式发布“坚强智能电网”的发展战略，首批智能用电小区的建设工作也开始启动，在北京、重庆、上海、河北廊坊首先建设示范智能用电小区。

（1）重庆富抱泉小区和加新沁园小区。两个小区之间距离比较近，两个小区总建筑面积为22.25万m^2，试点涉及1334户住户。2010年7月，该小区竣工投运，标志着我国首个规模超千户的智能用电小区试点项目正式建成。该系统包括用电信息采集、小区配电自动化、电力光纤到户、实现三网融合、智能用电服务互动平台、光伏发电系统并网运行、电动汽车充电桩管理、智能家居服务、实现水电气集抄等九大功能，为山城人们带来了全新的智能、便捷的低碳生活。

（2）河北廊坊新奥高尔夫花园小区。2010年9月该小区竣工建成，综合运用了现代信息、通信、计算机、高级量测、高效控制等新技术，是国内首个建设内容最全、功能最强的智能小区样板示范工程。

（3）北京丰台左安门公寓。2011年3月，融人低碳、节能、环保等概念的北京首个智能用电试点公寓丰台左安门公寓亮相。该小区引入了纯电动汽车、风光发电互补路灯、冷热电三联供、智能家居等智能化系统。该小区还有一个最大特点是光纤、电话线、电视信号线和电力线集成一条线进入小区家庭，向人们直观展示出了未来美好新生活。

第四章　配电图资地理信息系统

第一节　概　述

配电图资地理信息系统是自动绘图（Automatic Mapping，AM）、设备管理（FacilitiesManagement，FM）和地理信息系统（Geographic Information System，GIS）的总称，是配电系统各种自动化功能的公共基础。

AM/FM/GIS 在电力系统应用中的含义如下。

自动绘图（AM）：要求直观反映电气设备的图形特征及整个电力网络的实际布设。

设备管理（FM）：主要是对电气设备进行台账、资产管理，设置一些通用的双向查询统计工具。所谓通用，是指查询工具可以适应不同的查询对象，查询的约束条件可以由使用者方便地设定，以适应不同地区、不同管理模式的需要；所谓双向，是具有正向、反向两种处理途径，从图查询电气设备属性，称作正向，反过来，从设备属性查图，称作反向。

地理信息系统（GIS）：就是充分利用 GIS 的系统分析功能。利用 GIS 拓扑分析模型结合设备实际状态，可进行运行方式分析；利用 GIS 网络追踪模型，进行电源点追踪；利用 GIS 空间分析模型，对电网负荷密度进行多种方式分析；利用 GIS 拓扑路径模型结合巡视方法，自动给出最优化巡视决策等。

和输电系统不同，配电系统的管辖范围从变电站、馈电线路一直到千家万户的电能表。配电系统的设备分布广、数量大，所以设备管理任务十分繁重，且均与地理位置有关。而且配电系统的正常运行、计划检修、故障排除、恢复供电以及用户报装、电量计费、馈线增容、规划设计等，都要用到配电设备信息和相关的地理位置信息。因此，完整的配电网系统模型离不开设备和地理信息。配电图资地理信息系统已成为配电系统开展各种自动化（如电量计费、投诉电话热线、开具操作票等）的基础平台。

标明有各种电力设备和线路的街道地理位置图是配电网管理维修电力设备以及寻找和排除设备故障的有力工具。原来这些图资系统都是人工建立的，即在一定精度的地图上，由供电部门标上各种电力设备和线路的符号，并建立相应的各种电力设备和线路的技术档案。现在这些工作都可以由计算机完成，即 AM/FM/GIS 自动绘图和设备管理系统。

20 世纪 70 年代至 80 年代中期的 AM/FM 系统大都是独立的。近年来，随着 GIS 的快速发展以及 GIS 的优良特性，目前的大多数 AM/FM 系统均建立在 GIS 基础上，即利用 GIS 来开发功能更强的 AM/FM 系统，形成由多学科技术集成的基础平台。

第二节　GIS 的发展

地理信息系统技术的发展是与地理空间信息的表示、处理、分析和应用手段的不断发展分不开的。国内外发现的较早的关于地理空间信息的表示可追溯到中国宋代的地图（地理图碑：它刻绘了山脉、长江、黄河、长城等。）以及当时的各级行政机构和罗马时代的地图。到 18 世纪，欧洲文明的昌盛，才使人类实现了图纸地图，进而到 19 世纪出现了各种不同的地图和专题图。这些地图和专题图可谓模拟的地理信息系统。到 20 世纪中叶，随着电子计算机科学的兴起和它在航空摄影测量学与地图制图学中的应用以及政府部门对土地利用规划与资源管理的要求，使人们开始有可能用电子计算机来收集、存储、处理各种与空间和地理分布有关的图形和有属性的数据，并通过计算机对数据的分析来直接为管理和决策服务，这才导致了现代意义上的地理信息系统的问世。我们现在所称的地理信息系统通常指的是以数字地图（或电子地图）为基础的地理信息系统。

自从 1962 年加拿大人 Roger Tomlison 首先提出地理信息系统的概念并领导建立了国际上第一个具有实用价值的地理信息系统即加拿大地理信息系统（ Canada Geographic InformationSystem，CGIS）以来，地理信息系统在全球范围内获得了长足的发展和推广。

地理信息系统的发展是与计算机软硬件的发展紧密相连的。GIS 的发展分为以下几个阶段：

（1）萌芽期（20 世纪 60 年代）。随着计算机技术的发展，特别是专家的兴趣以及政府的推动，地理信息系统得以较快的发展。这一时期的 GIS 主要是关于城市和土地利用的，其软件功能有限，注重于空间数据的地学处理。同时，许多与GIS有关的组织和机构纷纷建立，例如，美国1966年成立了城市和区域信息系统协会（URISA），1969年又建立起州信息系统全国协会（NASIS），国际地理联合会（IGU）于1986年设立了地理数据收集和处理委员会（CGDSP）。这些组织和机构的建立为传播GIS知识、发展GIS技术起了重要的推动作用。

（2）巩固期（20世纪70年代）。随着计算机软硬件技术的飞速发展和GIS专业化人才的不断增加，以及资源开发和环保问题引起的社会需求增多，许多不同区域、规模和主题的各具特色的地理信息系统得到了很大发展。这一时期的GIS应用和开发多限于政府性、学术性机构，其软件的数据分析能力仍然很弱，注重于空间信息的管理。

（3）突破期（20世纪80年代）。由于计算机性价比的提高和计算机网络的建立，GIS的应用领域迅速扩大，数据传输速率极大提高，功能也得到了较大的拓展，注重于空间决策支持分析。同时，许多政府性、学术性机构和软件制造商大量涌现，市场上也出现了许多商用化系统。

（4）拓展普及期（20世纪90年代）。随着地理信息产业的逐步建立和信息产品在全世界的普及，社会对地理信息系统的认识普遍提高，社会需求大幅增加。GIS的普及和推广应用又使得其理论研究不断完善，使GIS理论、方法和技术趋于成熟，开始有效地解决全球性的难题，例如全球沙漠化、全球可居住区的评价、厄尔尼诺现象、酸雨、核扩散，及核废料等问题。

早期的GIS系统主要用于土地资源的管理、城市规划和市政建设等方面。

我国GIS的起步较晚，到20世纪70年代末才提出开展GIS研究的倡议。进入20世纪80年代后迅速发展，在理论探索、规范探讨、实验技术、软件开发、系统建立、人才培养和区域性试验等方面都取得了突破和进展。一些地方政府也开始投资建立本地的GIS，在GIS应用日益活跃的今天，诸如荆州市这样的城市，由于GIS起步早而闻名全国。1994年4月，我国专门成立了“中国GIS协会”，此后又成立了“中国GIS技术应用协会”，加强了国内各种GIS学术交流，研制推出了Geostar、Citystar、MapGIS等具有自主版权的GIS软件。

计算机技术的迅速发展，使得 GIS 的功能和特点也随之发生了巨大的变化，尤其是近年来，计算机极大容量存储介质、多媒体技术和可视化技术等相继被引进到 GIS 中，已使传统地图的绘制、存储、查询和管理等发生了新的变化。

第三节　GIS 在电力行业的应用现状及难点

目前，在我国电力行业所建的地理信息系统存在的问题，主要表现在以下 3 个方面：

（1）总体规划或设计方案不全面。电力行业的地理信息系统开发实施应紧密结合电力企业生产管理、经营管理、客户服务的需要。对这些应用需求最了解的应该是电力企业从事生产管理、经营管理、客户服务的领导和技术人员，但由于这些人员平时工作紧张，很难抽时间学习或接受地理信息系统知识培训。因此，总体规划或设计方案往往采用外包形式实行，而外包公司对电力企业知识的匮乏，使得总体规划或设计方案深度不到位，或者应用覆盖不全，系统性差，为今后系统的实施带来了许多困难。要解决好这一问题，必须强调“一把手原则”和“发展与技术滚动原则”，重视项目机构建设及人力资源、资金等配置。

（2）地理信息系统运行所需要的基础数据不全。目前一些系统虽然在功能设计和开发中表现良好，但许多系统实际是一个演示功能系统，距离真正的实用化目标存在很大差距。分析其原因，主要是系统运行所需要的基础数据未建立起来。系统需要的基础数据需要长期的建立才能完善。同时数据的及时更新是系统正常运行的基础。没有正确的基础数据，就没有系统正确的执行结果。基础数据包括地图数据、设备数据、电网地理接线数据、设备位置数据、用户分布数据等。

（3）一体化数据图模解决方案未能解决好地理信息系统与 EMS/SCADA、配电自动化系统等生产运行自动化系统的数据图模共享问题。目前在一些供电企业项目中，解决这一问题采用的技术方法基本是中间件或数据转发方法。

采用这种技术方法的优点是减少了数据库系统的设计和实施工作量，以及不同系统之间的软件开发、调试工作量和技术沟通。但存在不同系统之间的数据、图形的不一致性隐患。

从当前电力行业所开发和应用的地理信息系统的建设过程来看，用于配电自动化的地理信息系统建设的难点一般体现在以下几个方面：

①配电网资料和数据的整理输入工作量巨大，并且配电网又随着城市建设发展经常处于变动中，引起配电网设备分布数据不稳定、地理图形变化大，必然造成系统中数据更新或者维护工作反复多次。

②由于众多需使用地理位息系统的建设单位无能力二次开发，而大多数软件开发商对电力行业知识又较为贫乏，从而造成开发的软件功能不全，深度不够。

③电力地理信息系统与 EMS/SCADA、配电网自动化、电力营销信息系统等企业信息系统的信息集成难度大。其原因是：各个不同的系统源于不同的开发商，各开发商在各系统实现时为了各自利益封闭对外接口或者提供的接口简单等。

所以，开发和建设好电力地理信息系统必须做到地理信息技术、计算机技术与电力生产运行管理和维护管理、客户服务管理、生产过程自动化系统等之间紧密结合。

第四节　GIS 的组成

完整的 GIS 一般由 5 个主要部分组成，即 GIS 硬件系统、软件系统、地理数据、系统的组织管理人员和开发人员，以及计算机网络。其中，硬软件系统是 GIS 的核心部分，可谓 GIS 的骨肉；地理数据库可以用来表达和组织各种地理数据，也十分重要，可谓 GIS 的血液；而 GIS 的管理人员、客户以及开发人员则决定系统的工作方式和信息表达方式；另外，计算机网络为实现数据共享、建立网络 GIS 搭起了桥梁。

1. 硬件系统

GIS 的硬件系统包括计算机主机、数据存储设备、数据输入输出设备以及通信传输设备等，如图 4－1 所示。

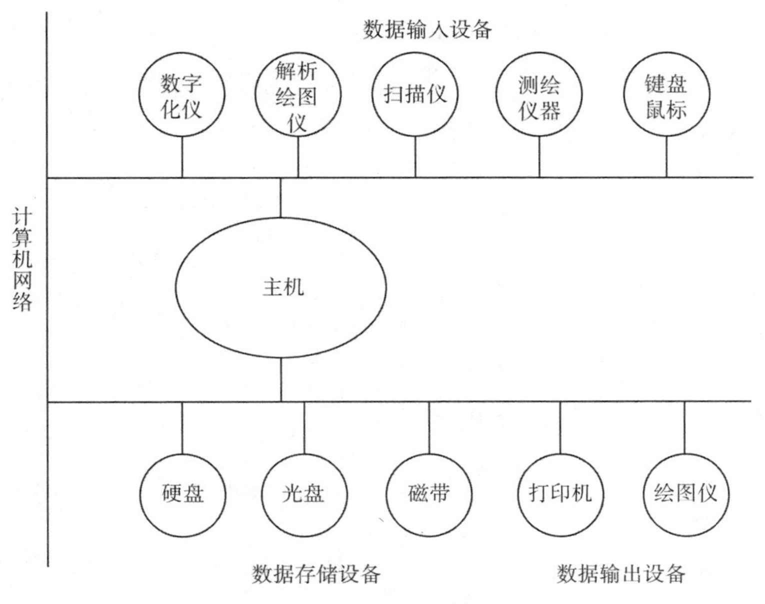

图 4－1　GIS 系统的硬件组成

（1）计算机主机。计算机主机为 GIS 的核心，是数据和信息处理、加工和分析的设备。其主要部分由执行程序的中央处理器和主存储器构成。

（2）数据存储设备。数据存储设备包括软盘、硬盘、磁带、光盘、存储网络等及其相应的驱动设备。

（3）数据输入设备。数据输入设备除包括键盘、鼠标和通信端口外，还包括数字化仪、扫描仪、解析和数字摄影测量仪以及全站仪、GPS 接收机等其他测量仪器。

（4）数据输出设备。数据输出设备主要有图形/图像显示器、矢量/栅格绘图仪、行式/点阵/喷墨/彩色喷墨打印机、激光印字机等设备。

（5）通信传输设备。通信传输设备即在网络系统中用于数据传输和交换的光缆、电缆及附属设备。其中大多数硬件是计算机技术的通用设备，而有些设备则在 GIS 中得到了广泛应用，如数字化仪和扫描仪等。

2. 软件系统

CIS 软件系统是由操作系统、数据库管理系统、GIS 开发平台和 GIS 应用软件组成，如图 4－2 所示。

操作系统是核心，它是 GIS 日常工作所必需的，目前用户工作站一般采用 Windows NT、UNIX、X－Windows、Windows 2000、Windows XP、Linux 等；网络操作系统一般选用 UNIX、Windows NT Server、Windows 2000 Server、Linux 等。

图 4－2　GIS 系统的软件组成

数据库管理系统 DBMS 用于管理 GIS 中大量的资料数据和实时动态数据。目前大多数系统的 DBMS 选用 MS SQL Server、Sybase、Oracle、Informix 等关系型数据库管理系统。

商品化的 GIS 开发平台大约有 20 多种，当前我国电力企业用户运用较多的开发平台是 Arclnfo、Maplnfo 和 GROW。

开发工具一般选用 Visual Basic、Visual C＋＋等第三方符合工业标准的编程语言。

GIS 应用软件是利用 GIS 开发技术实现的具体应用软件系统，如配电网 GIS 就是一种应用软件。应用软件的开发应该本着实用化的原则，而不能一味追求超前，这样才可以充分发挥 GIS 的作用。目前，由于互联网技术广泛应用，利用 WEB 技术的组件式 GIS 的开发方法已成为主流，因此，正在建设配电网 GIS 的单位应引起高度重视。

3. 地理数据

地理数据是 GIS 研究和作用的对象，是指以空间位置为存在和参照的自然、社会和人文经济景观数据，包括空间数据和属性数据，可以是图形、图像、文字、表格和数字等。空间数据表达了现实世界经过模型抽象后的实质性内容，即地理空间实体的位置、大小、形状、方向，以及拓扑几何关系等；属性数据是与地理实体相关的地理变量和地理意义，是实体的属性描述数据。

空间数据和属性数据密切相联，共同构成地理数据库，用于系统的分析、检索、表示和维护。地理数据库的建立和维护是一项非常复杂的工作，技术含量高、投入大，是 GIS 应用项目开展的关键内容之一。

4. 系统开发、管理和使用人员

仅有系统的软硬件和数据还不能构成完整的 GIS，还需要人进行系统组织、管理、维护和数据更新、完善功能，并灵活采用地理分析模型提供多种信息，为研究和决策服务。同时还需要对整个组织进行全盘规划，协调各部门内部的相关业务，使建立的 GIS 既能适应多方面服务的要求，又能与现有的计算机及其他设备相互补充，同时周密规划 GIS 项目的方案及过程以保证项目的顺利实施。GIS 专业人员是 GIS 应用成功的关键，而强有力的组织则是系统运行的保障。一个完整的 CIS 项目应包括项目负责人、系统分析设计人员、系统开发人员、系统维护人员、系统管理人员和客户等。

5. 计算机网络

20 世纪 90 年代以来，随着支持多客户网络操作系统的发展，以局域网和广域网为主的计算机网络系统以及星地一体化的通信网络系统已经形成人类社会信息共享的有效体系。计算机网络利用通信线路将分布在不同地理位置上的具有独立功能的计算机系统或其他智能外设有机地连接起来，它包含下面 3 个主要组成部分：

（1）若干台主机，用于向客户提供服务。

（2）通信子网，由一些专用的节点交换机和连接这些节点的通信链路组成。

（3）一系列协议，这些协议是为在主机之间或主机和子网之间的通信而用的。

计算机网络常见的拓扑结构（连接方式）有星形、环状、总线型和树形等。

地理信息系统利用计算机网络技术可以实现空间数据的分布式存储和管理、网络资源的共享、重要数据的转移和备份。利用远程通信技术，还可实现跨国的 GIS 联网，获得更为广泛的共享资源和信息服务。

第五节 GIS 功能的实现方法

实现 GIS 功能的方法主要有两条途径，一种是利用技术成熟的通用 GIS 平台软件，基于该平台软件开发配电网所需的各种应用，其优点是通用性、开放性好，开发周期短，缺点是应用软件受平台软件的限制。美国、欧洲多用这种方法，我国目前的配电网自动化系统较多采用这种方法。另一种是开发专用系统，即开发专用于配电网应用的 GIS 软件，其优点是针对性强、实用、代码效率高、执行速度快，缺点是通用性、开放性差，开发周期长。日本、韩国多用这种方法。

目前市场上应用较多的国内的 GIS 平台软件主要有：北京超图（SuperMap）公司的 SuperMap GIS、北京适普软件（SupreSoft）公司的 ImaGIS 和武汉中地公司的 MapGIS 等；而国外的 GIS 平台软件主要有：美国 ESRI 公司的 ArcGIS、美国 Intergraph 公司的 Geomedia、美国 GE 公司的 SmallWorld 和美国 Maplnfo 公司的 Maplnfo GIS 等。

国产 GIS 软件目前呈现出如下特点：一是基础平台软件与国外同类软件在性能、可用性等方面的差距正在缩小；二是应用软件的覆盖范围加大。我国 GIS 软件已经形成完整的产品系列，形成了基础平台软件、桌面 GIS 软件、GIS 专业软件、GIS 应用软件 4 个技术体系，可分别针对不同的应用目标和领域。与国外 GIS 软件比起来，国产软件虽然在某些方面还有一定的优势，不是全面落后，但在海量信息处理的支持等很多重要方面还有较大差距，整体能力较差。在市场份额方面，我国企业近年有了突破，国产 GIS 软件在国内市场的占有率已经接近 50%。

第六节 AM/FM/GIS 的离线、在线实际应用

配电 GIS 是一个高度复杂的软硬件和人的系统，其任务是在基于城市的

地理图（道路图、建筑物分布图、河流图、铁路图、影像图，及各种相关的背景图）上按一定比例尺绘制馈电线路的接线图、配电设备设施（杆塔、断路器、变压器、变电站、交叉跨越等）的分布图，编辑相应的属性数据并与图形关联，能对设备设施进行常规的查询、统计和维护，还可对馈线的理论网损、潮流和短路电流进行计算。同时，它还要能够与其他系统互联（如配电网 SCADA 系统、管理信息系统、客户报装系统、故障报修系统、抄表与计费系统、负荷控制与管理系统、Internet 等）以便获取或传送信息，实现广泛的信息共享。

配电 GIS 的最大特点在于它能在离线和在线两种方式下运行。以前，AM/FM/GIS 主要用于离线应用系统，是用户信息系统（ Customer Information System，CIS）的一个重要组成部分。近年来，随着开放系统的兴起，新一代的 SCADA/EMS/DMS 开始广泛采用支持 SQL 的商用数据库，而这些商用数据库（如 ORACLE，SYBASE）又都能支持表征地理信息的空间数据和多媒体信息，这就为 SCADA/EMS/DMS 与 AM/FM/GIS 的系统集成提供了方便，开辟了 AM/FM/GIS 进入在线应用的渠道，成为电力系统数据模型的一个重要组成部分。

AM/FM/GIS 在配电网中离线方面的应用

离线方面，AM/FM/GIS 作为用户信息系统的一个重要组成部分，提供给各种离线应用系统使用；另一方面，各个应用通过系统集成和信息共享，进一步得到优化，从而提高了配电网管理和营运的效率和水平。这些应用系统主要包括下述 3 个系统。

1. 设备管理系统

可为运行管理人员提供配电设备的运行状态数据及设备固有信息等，为配电系统状态检修和设备检修提供参考依据。它主要包括以下几项：

（1）对馈线进行统一管理，提供对馈线的查询、统计，拉闸停电分析及属性条件查询等功能。在以地理为背景所绘制的单线图上，可以分层显示变电站、线路、变压器、断路器、隔离开关直至电杆路灯、用电用户的地理位置。只要用鼠标激活一下所需检索的厂站或设备图标，包括实物彩照或图片在内的有关厂站或设备信息，即以窗口的形式显示出来。

（2）按属性进行统计和管理，如在指定范围内对馈线的长度进行统计，对变压器和客户容量的统计管理，继电保护（或熔丝）定值管理以及各种不同规格设备的分类统计等。

（3）对所有的设备进行图形和属性指标的录入、编辑、查询、定位等。在地理位置接线图上，对任意台区或线路的运行工况和设备进行统计和分析。

（4）能描述配电网的实际走向和布置，并能反映各个变电站的一次主接线图。

2. 用电管理系统

业务报装、查表收费、负荷管理等是供电部门最为繁重的几项用电管理任务。使用 AM/FM/GIS，可以方便基层人员核对现场设备运行状况，及时更新配电、用电的各项信息数据。

业务报装时，即可在地理图上查询有关信息数据，有效地减少现场勘测工作量，加快新用户用电报装的速度。

查表收费包括电能表管理和电费计费。使用 AM/FM/GIS，按街道的门牌编号为序来建立这样的用户档案是十分有用的，查询起来非常直观和方便。

负荷管理功能就是根据变压器、线路的实际负荷，以及用户的地理位置和负荷可控情况，制定各种负荷控制方案，实现对负荷的调峰、错峰、填谷任务。

3. 规划设计系统

配电系统合理分割变电站负荷、馈线负荷调整，以及增设配电变电站、开关站、联络线和馈电线路，直至配电网改造、发展规划等，设计任务比较烦琐，而且一般都是由供电部门自己解决。利用地理信息处理技术，可结合区域行政规划及电力负荷预测，辅助配电网规划与设计，有效地减轻规划与设计人员工作量，提高配电网规划设计的效率和科学性，还可为管理人员方便及时地掌握配网建设、客户分布和设备运行的完整情况，以及科学管理与决策提供及时可靠的平台支持。配电网规划与辅助设计的主要功能：①杆塔定位设计；②架空线和电缆选线设计；③变压器、高压客户（大用户）、断路器、变电站（所），及各类附属设施等的定位设计。

二、AM/FM/GIS 在配电网中在线方面的应用

1. 在 SCADA 系统中的应用

利用 AM/FM/GIS 提供的图形信息，SCADA 系统可以在地图上动态显示配电设备的运行状况，从而有效地管理系统运行，同时，通过网络拓扑着色，能够直观反映配电网实时运行状况。

对于事故，可以给出含地理信息的报警画面，用不同颜色来显示故障停电的线路和停电区域，做事故记录，同时，还可以在地理接线图上直接对开关进行遥控，对设备进行各种挂牌、解牌操作。

2. 在投诉电话热线中的应用

投诉电话热线的目的是为了快速、准确地根据用户打来的大量故障投诉电话判断发生故障的地点以及抢修队目前所处的位置，及时地派出抢修人员，使停电时间最短。这里，故障发生的地点以及抢修人员所处的位置应该是具体的地理位置，如街道名称、门牌号等，而且还要了解设备目前的运行状态，因而，AM/FM/GIS 提供的最新地图信息、设备运行状态信息极为重要，是故障电话处理系统能够充分发挥作用的基础。

第七节　GIS 的功能演示案例

由于配电 GIS 所管理反映的信息分属于不同的部门、不同的子系统，因此其功能也应与这些部门或子系统有所关联。按照配电自动化体系的结构框架，可以把配电 GIS 的功能进行分类，形成以站内自动化、馈线自动化、负荷控制与管理、用户抄表与自动计费等子系统的地理信息管理为主要目标，并将相关管理信息系统和实时信息管理融合进来，实现图形、属性及其他信息的多重管理功能的应用型 GIS，由此 GIS 的功能是非常丰富的，主要有如下一些功能：①数据预处理功能；②图形操作与制图输出；③站内自动化子系统地理信息管理；④馈线自动化子系统地理信息管理；⑤负荷控制与管理子系统地理信息管理；⑥用户抄表与自动计费子系统地理信息管理；⑦用户报

修管理子系统地理信息管理；⑧用户报装辅助设计子系统地理信息管理；⑨电网分析子系统地理信息管理；⑩基础信息子系统地理信息管理；⑪配电网规划设计子系统地理信息管理；⑫查询功能子系统地理信息管理；⑬库存设备管理子系统地理信息管理；⑭接口管理子系统地理信息管理。

下面以河南思达公司研制的 GIS 为例，进行 GIS 功能应用的图示说明。

1. 负荷控制与管理 GIS

其功能包括：①提供高负荷区域显示；②负荷密度分析；③负荷转移决策功能，多路转供电方案的自动生成及其图形化模拟分析，在系统发生故障时能够提供负荷转移的方案。

以计算区域负荷密度的功能为例说明，它分为两类，一是框选型，二是规则格网型。选择“运行态分析”菜单下的“负荷密度”菜单项，然后在地图上画出要计算负荷密度的区域，如图 4－3 所示。系统统计出该区域内的变压器台数、总容量以及区域负荷密度，并生成变压器报表可供预览打印。

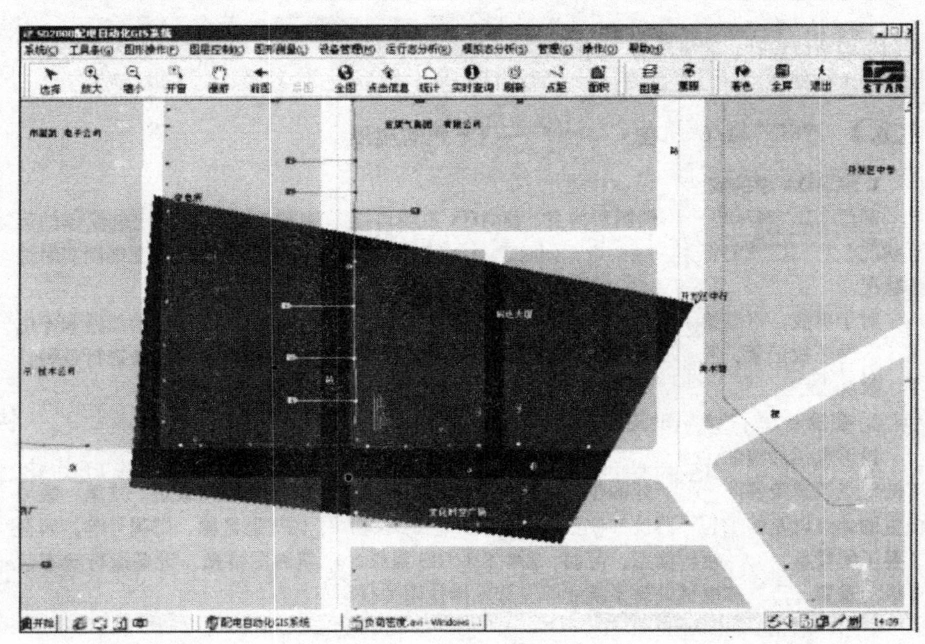

图 4－3　框选型区域负荷密度计算示意

按照规则格网统计，要选择“运行态分析”菜单下的“负荷格网分析”菜单项，系统弹出选项对话框，根据需要进行选择，点击确定按钮便可以看到地图被格网分成相同大小的区域并统计出每个区域内的总负荷，负荷密度计算示意如图 4－4 所示。

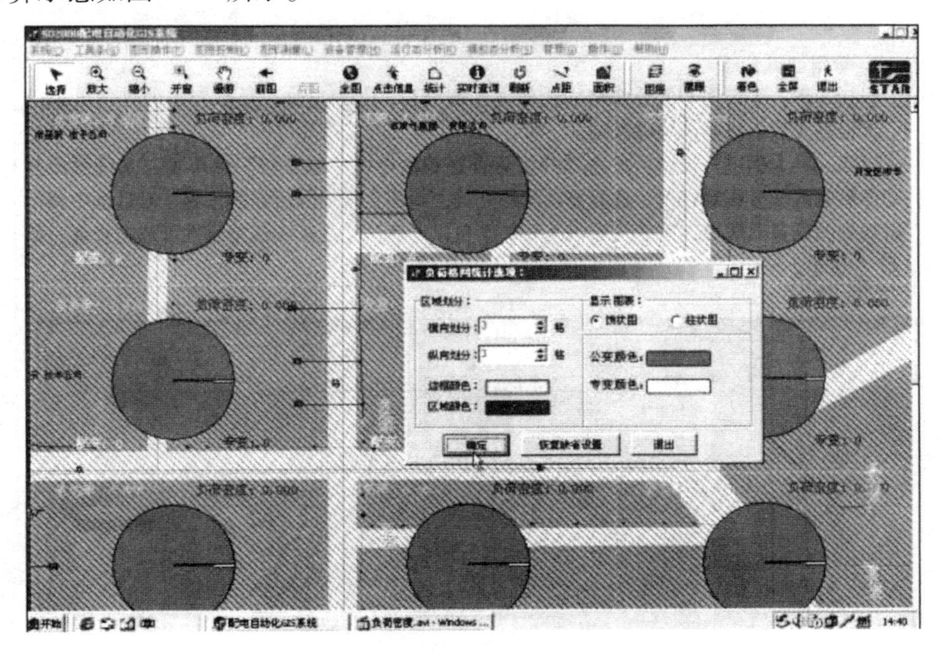

图 4－4　规则格网型区域负荷密度计算示意

2. 供电可靠性分析

它是根据历史数据做的统计，可以选择一年内的任意时间段、用户类型、变电站，点击统计按钮显示出统计结果：供电可靠率、用户平均停电次数、用户平均停电时间、平均停电用户数等，还可对结构进行预览打印。

3. GIS 管理系统有多种功能

GIS 管理系统的功能包括地图的缩放、漫游、鹰眼导航、长度和面积的丈量、图层控制等，最主要的还是设备管理部分。设备查询的方式各有不同，以多边形区域查询为例，点击工具条上的统计按钮，或选择“设备管理”菜单下的“多边形区域查询”菜单项，然后在地图上画多边形区域，系统统计出此区域内所包含的所有设备，点击其中的数据项，系统弹出相应的设备信息窗口。如图 4－5 所示，可以对该类设备的信息逐个查询，系统已经为用户制作了统计报表，可以对报表打印页面进行设置，用鼠标双击报表可以弹出报表编辑器，用户可根据自己的需要对报表进行修改和保存。

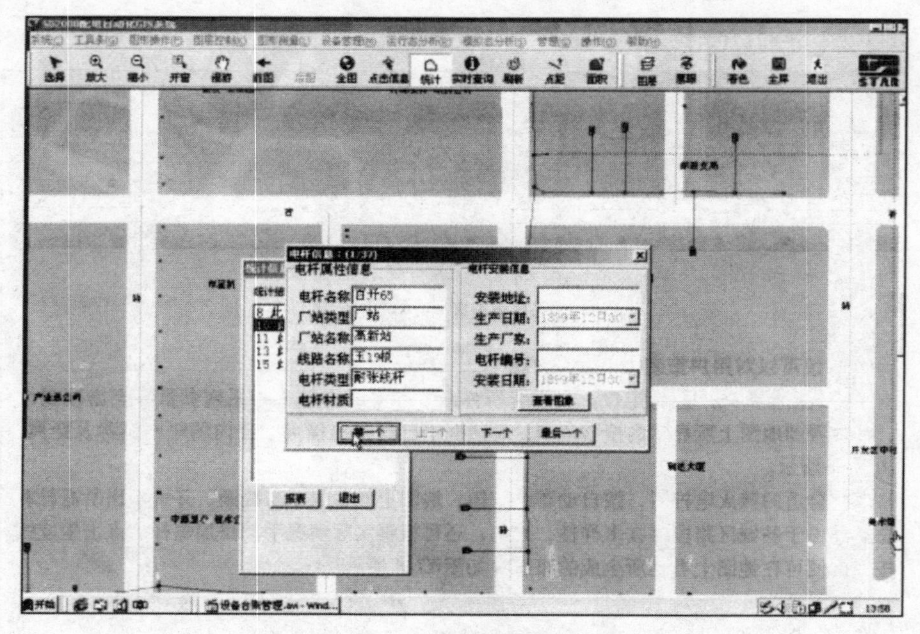

图 4－5　GIS 设备管理功能示意

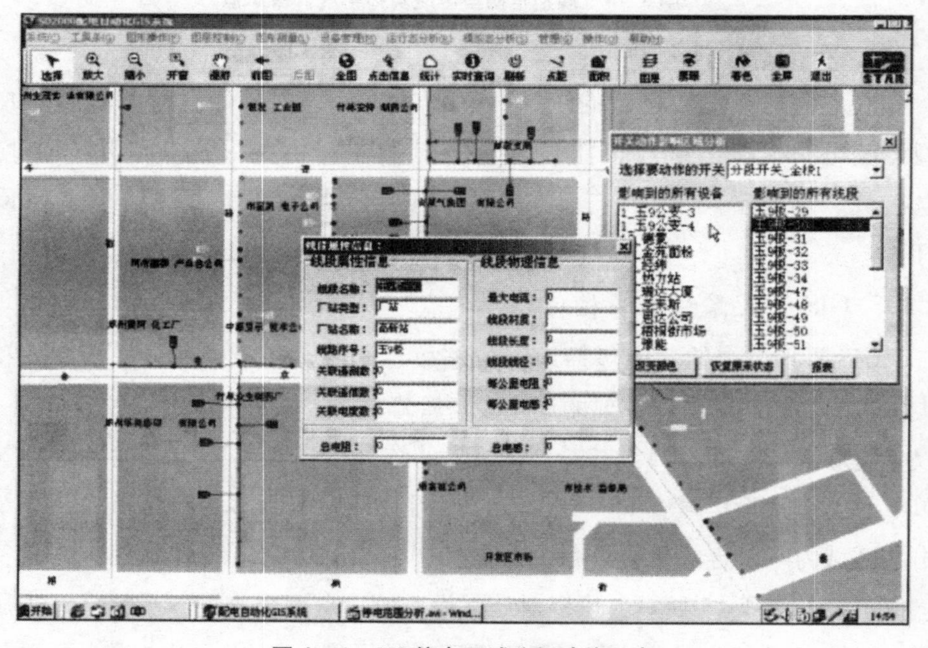

图 4－6　GIS 停电区域分析功能示意

4. 停电区域分析

停电区域分析包括3种：①根据开关分合影响的停电区域分析；②根据线段故障影响的停电区域分析；③根据开关上报判定故障区域。

以第一种为例进行说明，点击“开关分合影响的停电区域分析”菜单项，系统弹出开关动作影响区域分析对话框，选择要动作的开关，地图上显示其所在的位置，对话框中列出了影响到的设备及线段，改变受影响区域的颜色以示区分，受影响线路属性可双击查询，如图4－6所示。

5. 系统可以对用户报装提供参考方案

先在地图上对用户进行定位，在系统所弹出的对话框中填入一系列参数，点击搜索按钮，便可看到地图上所显示的搜索范围，对话框中已经弹出接火半径内的电杆名称及距离，如图4－7所示。

选择合适的接火电杆后，按自动布线按钮，地图上便生成了布线图，并统计出所需材料的总价。由于各城区路段存在多异性，因此，还可根据实际情况手动添加电杆，点击生成线路按钮，便可在地图上看到所生成的布线，如图4－8所示。

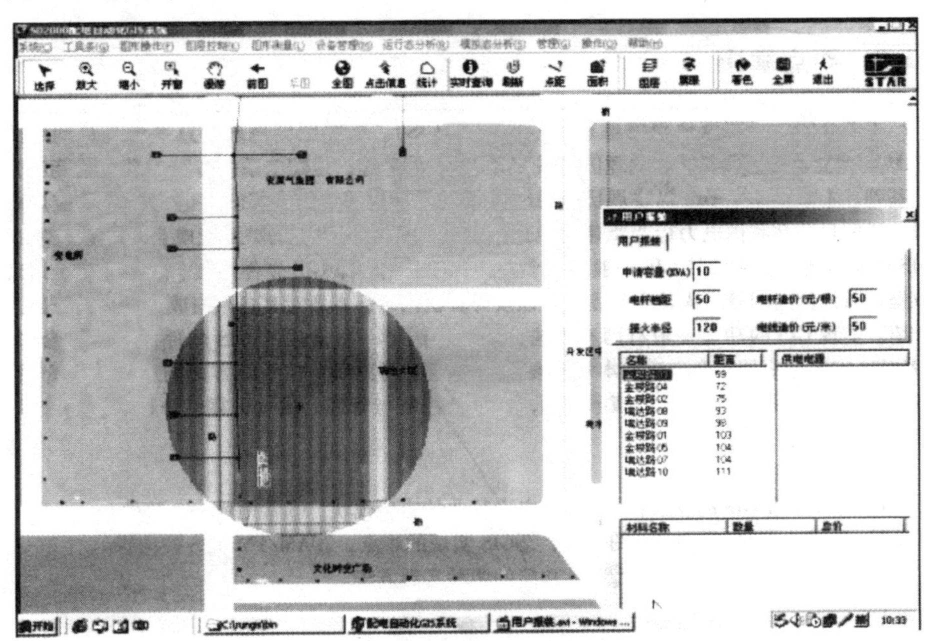

图4－7　对用户报装提供参考方案示意

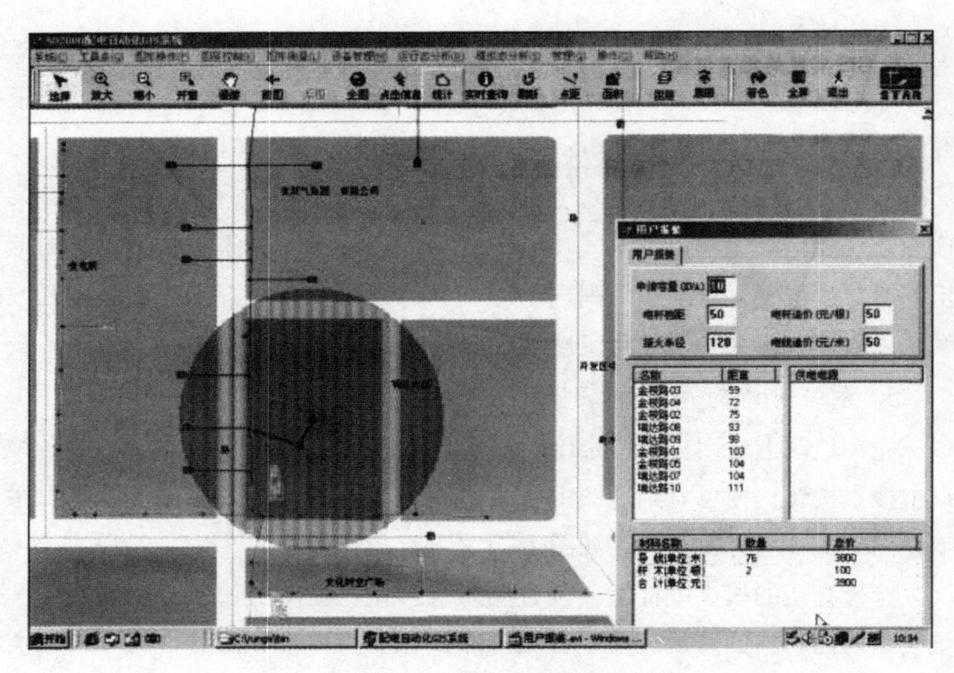

图 4-8　地图上生成的布线

第五章　配电网负荷控制和管理系统

第一节　负荷控制和管理的概念及经济效益

1. 概念

电力负荷控制和管理系统是实现计划用电、节约用电和安全用电的技术手段，也是配电自动化的一个重要组成部分。电力负荷管理（Load Management，LM）是指供电部门根据电网的运行情况、用户的特点及重要程度，在正常情况下，对用户的电力负荷按照预先确定的优先级别，通过程序进行监测和控制，进行削峰（Peak Shaving）、填谷（Valley Filling）、错峰（Load Shifting），使系统负荷曲线变得平坦；在事故或紧急情况下，自动切除非重要负荷，保证重要负荷不间断供电以及整个电网的安全运行。负荷管理的实质是控制负荷，因此又称为负荷控制管理。

2. 影响负荷特性的主要因素

理想的负荷特性是负荷随时间变化为一条水平直线，并与发供电能力相适应，这时发供电设备利用率最高。而现实中负荷特性曲线是由社会生产、经济活动和人民生活随时间变化用电需求的不同而形成的。负荷曲线是一条有一定规律的随时间变化的曲线，影响负荷特性的主要因素如下：

（1）用电结构。一般工业用电特别是重化工产业比例较高、三班制连续生产企业较多时，负荷率偏高，峰谷差较小。第三产业、生活用电比例较高时，负荷率低，峰谷差大。

（2）气候影响。夏热冬冷地区，冬夏两季负荷较高，严寒地区、寒冷地区冬季负荷偏高，夏热冬暖地区夏季负荷偏高，温差越大，负荷差越大。

（3）法定节假日负荷有较大幅度的下降。

3. 负荷控制的经济效益

不加控制的电力负荷曲线是很不平坦的，上午和傍晚会出现负荷高峰；而在深夜负荷很小时又形成低谷。一般最小日负荷仅为最大日负荷的40%左右。这样的负荷曲线对电力系统是很不利的。从经济方面看，如果只是为了满足尖峰负荷的需要而大量增加发电、输电和供电设备，在非峰荷时间里就会形成很大的浪费，可能有占容量1/5的发变电设备每天仅仅工作一两个小时，而如果按基本负荷配备发变电设备容量，又会使1/5的负荷在尖峰时段得不到供电，也会造成很大的经济损失。上述矛盾是很尖锐的。另外，为了跟踪负荷的高峰低谷，一些发电机组要频繁起停，既增加了燃料的消耗，又降低了设备的使用寿命。同时，这种频繁的起停，以及系统运行方式的相应改变，都必然会增加电力系统故障的机会，影响安全运行，这对电力系统是不利的。通过负荷控制，其经济效益体现在：

（1）削峰填谷，使负荷曲线变得平坦，提高现有电力系统发供电设备资产利用率，使现有电力设备得到充分利用，降低固定成本，延缓发供电设备建设投资。

（2）能够减少发电机组的起停次数，延长设备使用寿命。

（3）降低发电机组供电煤耗，节约能源。

（4）稳定系统运行方式，提高供电可靠性。

（5）降低电网线损，同一时段内售电量相同时，负荷率越高线损越低。

（6）对用户，让峰用电可以减少电费支出，实现双赢。

第二节　负荷特性优化的主要措施

实现负荷控制要对负荷特性进行优化，优化的措施主要有：经济措施、行政措施、宣传措施和技术措施几种。

一、经济措施

经济措施是优化负荷特性的重要措施，主要通过电价杠杆来调整不同时段的供求关系，以达到调整负荷曲线的目的。近年来，随着用电密度迅速加大，对电价制度也做了部分改变，以适应国民经济发展对电力的需求，现将我国现行的电价制度介绍如下。

1. 单一制电价

它是以客户计费电量为依据，直接与电能电费发生关系而不与其基本装机容量的基本电费发生关系，除变压器容量在315 kV · A及以上的大工业客户外，其他所有用电均执行单一制电价制度。其中容量在100 kV · A（或120

kW）及以上的客户还应执行功率因数调整电费办法和丰枯、峰谷电价制度。

2. 两部制电价

两部制电价就是将电价分为两个部分，一是基本电价，它反映电力成本中的容量成本，是以用户用电的最高需求量或变压器容量计算基本电费；二是电能电价，它反映电力成本中的电能成本，以用户实际使用电量（kW·h）为单位来计算电能电费。对实行两部制电价的用户，还需根据功率因数调整电费。

采用两部制电价的原因是发电设备容量是按系统尖峰时段最大负荷需求量来安排的，合理的电价可促使用户提高受电设备的负荷率。但如果只按用户实际耗用的电量来计价，则不能满足要求。因为不同的用户由于用电性质不同，系统为之准备的发电容量也不同，从而耗费的固定费用也不同。由于各种原因，不同用户的最大需求量（或变压器容量）和实际用电量也不同，在最大需求量（或变压器容量）相同的情况下，实际用电量越多，单位供电费用中固定费用的含量越少，反之，则单位固定费用上升。所以，不能将所有用户都完全按用电量平均计价，而需对电价进行两部制分解，一部分为基本电价，另一部分为电能电价。

3. 季节性电价

季节性电价也是一种分时电价，即在一年中对于不同季节按照不同价格水平计费的一种电价制度。

实行季节性电价主要是为了解决两类问题：

（1）合理利用电力资源，实行丰枯电价。将一年十二个月分成丰水期、平水期、枯水期 3 个时期，或平水期、枯水期两个时期。在水电比重较大的电力系统中，如我国云南、湖南、福建等省区水力资源十分丰富，丰水季节电力供应充足有余，用不出去，即弃水造成水力资源浪费，而枯水季节水电出力不足，如加大火电比例，则可能造成火电机组利用率整体下降，电力成本上升，并形成资源浪费。这些地区宜推行丰枯电价，即在丰水季节电价下浮，鼓励多用水电或用水电替代其他能源；枯水季节电价上浮，抑制部分负荷，从而协调供需矛盾。

（2）由于不同季节的气候差异较大，导致不同季节的电力需求也出现较大的差异。例如在我国部分夏热冬冷地区，由于空调的使用，夏季负荷常高出春秋两季负荷20%以上，且持续数月，部分省市空调最高负荷已经达到系统最高负荷的30%左右。季节性电价可以促进部分工业企业用户把设备的大修、职工休假有计划地安排在高温季节，必要时减产降荷，降低用电成本。

4. 高峰、低谷分时电价

我国有些地方也在试行峰谷电价。电网的日负荷曲线通常不是一条均衡的直线，而是一条有高峰有低谷的非线性曲线，而且用电高峰和低谷出现的时间都有一定的规律性，采用峰谷分时电价可以引导客户削峰填谷，缓和高峰时段的供需矛盾，充分利用电力资源。

以居民分时电价为例。居民用电量一般占全国用电量的9%～12%，但负荷特性较差，其最高负荷在部分地区可达最高供电负荷的40%左右，因此实施居民分时电价可一定程度抑制居民用电负荷高峰。居民分时电价一般简化为两个时段：8:00～22:00、22:00～次日8:00，也称黑白电价，白黑比一般控制在1.6～1.8。居民峰谷分时电价一般可以部分转移电热水器、电取暖、洗衣机等负荷。

城市第三产业特别是商场、写字楼、宾馆、学校、文化娱乐体育设施等，夏季高温负荷十分突出，其负荷高峰与电网负荷高峰重叠。电蓄冷空调是其移峰填谷的主要措施，为促进电蓄冷技术的推广应用，可实施电蓄冷负荷特惠电价，专表计量，其电价可在原有峰谷分时电价的基础上，低谷再下降10%左右。

5. 功率因数调整电费的办法

我国对受电变压器的容量大于或等于100 kV·A的工业客户、非工业客户、农业生产客户都实施了功率因数调整电费的办法，以考核客户无功就地补偿的情况。对于补偿好的客户给予奖励，差的给予惩罚。考核功率因数的目的在于改善电压质量，减少损耗，使供用电双方和社会都能取得最佳的经济效益。

6. 临时用电电价制度

我国对拍电影、电视剧、基建工地、农田水利、市政建设、抢险救灾、举办大型展览等临时用电实行临时用电电价制度，电费收取可装表计量电量，也可按其用电设备容量或用电时间收取。对未装用电计量装置的客户，供电企业应根据其用电容量，按双方约定的每日使用时数和使用期限预收全部电费。用电终止时，如实际使用时间不足约定期限 1/2 的，可退还预收电费的 1/2；超过约定期限 1/2 的，预收电费不退；到约定期限时，要终止供电。

7. 梯级电价制度

这种电价制度是将客户每月用电量划分成两个或多个级别，各级别之间的电价不同。梯级电价制度分为递增型梯级电价制度和递减型梯级电价制度。采用梯级电价的原因：递减电价在鼓励用户增加用电量，开拓电力市场，增供扩销方面有着积极作用；递增电价在节能降耗，刺激用户自觉搞好需求的管理及照顾低收入家庭方面有着积极意义。

二、行政措施

行政措施是指政府和相关执法部门通过行政法规、标准、政策等来规范电力消费和市场行为，以政府的行政力量来推动节能、约束浪费、保护环境的一种管理活动。行政措施具有权威性、指导性和强制性，在培育效率市场方面起着特殊的作用。

三、宣传措施

宣传措施是指采用宣传的方式，引导用户合理消费电能，实现节能。宣传手段主要采用普及节能知识讲座、传播节能信息技术讲座、举办节能产品展示、宣传节能政策、开展节能咨询服务，普及先进的理念和技术，特别是对中小学生从小就树立节能的概念是非常重要的。

四、技术措施

技术措施主要包括削峰、填谷和移峰填谷 3 种。

1. 削峰

削峰是指在电网高峰负荷期减少客户的电力需求，避免增设其边际成本高于平均成本的装机容量，并且由于平稳了系统负荷，提高了电力系统运行的经济性和可靠性，可以降低发电成本。常用的削峰手段主要有以下两种。

（1）直接负荷控制。直接负荷控制是在电网高峰时段，系统调度人员通过远动或自控装置随时控制客户终端用电的一种方法。由于它是随机控制，常常冲击生产秩序和生活节奏，大大降低了客户峰期用电的可靠性，大多数客户不易接受，尤其那些对可靠性要求高的客户和设备，停止供电有时会酿成重大事故，并带来很大的经济损失，即使采用降低直接负荷控制的供电电价也不受客户欢迎。因而这种控制方式的使用受到了一定的限制。因此，直接负荷控制一般多适用于城乡居民的用电控制。

（2）可中断负荷控制。可中断负荷控制是根据供需双方事先的合同约定，在电网高峰时段，系统调度人员向客户发出请求中断供电的信号，经客户响应后，中断部分供电的一种方法。它特别适合于对可靠性要求不高的客户。不难看出可中断负荷是一种有一定准备的停电控制，由于电价偏低，有些客户愿意用降低用电的可靠性来减少电费开支。它的削峰能力和系统效益，取决于客户负荷的可中断程度。可中断负荷控制一般适用于工业、商业、服务业等对可靠性要求较低的客户，例如有能量（主要是热能）储存能力的客户，可以利用储存的能量调节进行躲避电网高峰；有燃气供应的客户，可以燃气替代电力躲避电网高峰；有工序产品或最终产品存储能力的客户，可通过工序调整改变作业程序来实现躲避电网高峰等。

2. 填谷

填谷是指在电网负荷的低谷区增加客户的电力需求，有利于启动系统空闲的发电容量，并使电网负荷趋于平稳，提高了系统运行的经济性。由于填谷增加了电量销售，减少了单位电量的固定成本，从而进一步降低了平均发电成本，使电力公司增加了销售利润。比较常用的填谷手段有以下几种。

（1）增加季节性客户负荷。在电网年负荷低谷时期，增加季节性客户负荷，在丰水期鼓励客户多用水电。

（2）增加低谷用电设备。在夏季出现尖峰的电网可适当增加冬季用电设备，在冬季出现尖峰的电网可适当增加夏季的用电设备。在日负荷低谷时段，投入电气钢炉或采用蓄热装置电气保温，在冬季后半夜可投入电暖气或电气采暖空调等进行填谷。

（3）增加蓄能用电。在电网日负荷低谷时段投入电气蓄能装置进行填谷，如电动汽车蓄电池和各种可随机安排的充电装置。

填谷不但对电力公司有益，而且对客户也会减少电费开支。但是由于填谷要部分改变客户的工作程序和作业习惯，也增加了填谷技术的实施难度。填谷的重要对象是工业、服务业和农业等部门。

3. 移峰填谷

移峰填谷是指将电网高峰负荷的用电需求推移到低谷负荷时段，同时起到削峰和填谷的双重作用。它既可以减少新增装机容量，充分利用闲置的容量，又可平稳系统负荷，降低发电煤耗。移峰填谷一方面增加了谷期用电量，从而增加了电力公司的销售电量；另一方面却减少了峰期用电量，相应减少了电力公司的销售电量。因此电力系统的实际效益取决于增加的谷期用电收入和降低的运行费用对减少峰期用电收入的抵偿程度。常用的移峰填谷技术有以下几种。

（1）采用蓄冷蓄热技术。中央空调采用蓄冷技术是移峰填谷最为有效的手段。它在后夜电网负荷低谷时段制冰或冷水并把冰或冷水等蓄冷介质储存起来，在白天或前夜电网负荷高峰时段把冷量释放出来转化为冷气空调，达到移峰填谷的目的。

采用蓄热技术是在后夜电网负荷低谷时段，把电气锅炉或电加热器生产的热能存储在蒸汽或热水蓄热器中，在白天或前夜电网负荷高峰时段将其热能用于生产或生活等来实现移峰填谷。蓄热技术对用热多、热负荷波动大、锅炉容量不足或增容有限的工业企业和服务业尤为合适。

客户是否愿意采用蓄冷和蓄热技术，主要取决于它减少高峰电费的支出是否能补偿多消耗低谷电量支出的电费，并获得合适的收益。

（2）能源替代运行。有夏季尖峰的电网，在冬季可用电加热替代燃料加热，在夏季可用燃料加热替代电加热；有冬季尖峰的电网，在夏季可用电加热替代燃料加热，在冬季可用燃料加热替代电加热。在日负荷的高峰和低谷时段，亦可采用能源替代技术实现移峰填谷，其中燃气和太阳能是易于与电能相互替代的能源。

（3）调整轮休制度。调整轮休制度是一些国家长期采取的一种平抑电网日间高峰负荷的常用办法，在企业间实行周内轮休来实现错峰，取得了很大成效。由于它改变了人们早已规范化了的休整习惯，影响了社会正常的活动节奏，冲击了人们的往来交际，又没有增加企业的额外效益，一般难于被广大客户接受，但是，在一些严重缺电的地区，在已经实行轮休制度的企业，采取必要的市场手段仍然可能为移峰填谷作出贡献。

（4）调整作业程序。调整作业程序是一些国家曾经长期采取的一种平抑电网日内高峰负荷的常用办法，在工业企业中把一班制作业改为两班制，把两班制作业改为三班制，对移峰填谷起到了很大作用。但这种措施也在很大程度上干扰了职工的正常生活节奏和家庭生活节奏，也增加了企业不少的额外负担。

第三节 负荷控制系统的基本结构和功能

负荷控制系统的基本结构由负荷控制终端、通信网络、负荷控制中心组成。下面分别予以介绍。

一、负荷控制终端

电力负荷控制终端（Load Control Terminal Unit）是装设在用户端，受电力负荷控制中心的监视和控制的设备，因此也称被控端。

1. 根据信号传输的方向

负荷控制终端可以分为单向终端和双向终端。

（1）单向终端（One Way Terminal Unit）是只能接收电力负荷控制中心命令的电力负荷控制终端，分为遥控开关和遥控定量器两种。

遥控开关（Remote Switch）是接收电力负荷控制中心的遥控命令，进行负荷开关的分闸、合闸操作的单向终端，遥控开关一般用于315 kV · A以下的小用户。

遥控定量器（Remote Load Control Limiter）是接收电力负荷控制中心定值和遥控命令的单向终端，遥控定量器一般用于315 ~ 3 200 kVA的中等用户。

（2）双向终端（Two Way Terminal Unit）是装设在用户端，能与电力负荷控制中心进行双向数据传输和实现当地控制功能的设备。分为双向三遥控制终端和双向控制终端两种。

双向三遥控制终端能实时采集并向负荷中央控制机传送电流、电压、有功功率、无功功率和开关状态等信息，并具有当地显示打印、超限报警和实施当地及远方控制等功能的负荷控制终端。三遥控制终端主要用于变电站作小型远动装置，也可用于少数特大型电力用户。

双向控制终端是能实时采集并向负荷中央控制机传送有功功率、无功功率等信息（必要时也可采集和传送电压信息），并具有显示打印、超限报警、当地和远方控制以及调整定值等功能的负荷控制监测，双向控制终端主要用于装机容量为 3 200 kV · A 以上的大电力用户。负荷控制终端的功能如表 5 - 1 所示。

表 5 - 1　负荷控制终端的功能

功 能	双向控制终端	遥控定量器	遥控开关
时钟对时	√	√	—
电能表读数冻结	√	√	—
自检	√	√	√
脉冲计数输入	√	√	—
电能量、功率需量计算	√	√	—
日、月分时电能量记录	√	√	—
电压采集	○	○	—
开关状态采集	√	—	—
当地打印	○	—	—
当地显示	CRT 数码显示	数码显示	灯光显示
当地设置定值	√	√	—
当地控制	√	√	—
当地报警	√	√	—
远方设置定值	√	√	—
远方控制	√	√	√
越限跳闸记录	√	√	—
遥控跳闸记录	√	√	√

注：“√”表示必需功能；“○”表示任选功能；“—”表示不需要该功能。

2. 负荷控制终端实例

电力负荷管理终端是用电现场服务与管理系统的重要组成部分，安装在用户电表附近，实现用户电能量数据和其他遥测信息的采集、存储以及转发，并综合实现负控、防窃电等功能。图 5 - 1 所示为某款负荷控制终端外形，其外形尺寸是 290 mm × 180 mm × 100 mm。

此电力负荷管理终端采用模块化设计方法，通过 RS485 总线采集用户现场电表的数据，同时监测并管理用户的用电情况；具有 GPRS/GSM/普通拨号 MODEM/CDMA 等多种主站通信方式可选，并能通过短消息/电子邮件等方式实现异常信息的及时报告；具有红外/USB 本地维护接口；具有远程维护升级功能；能够适应高低温和高湿等恶劣运行环境。

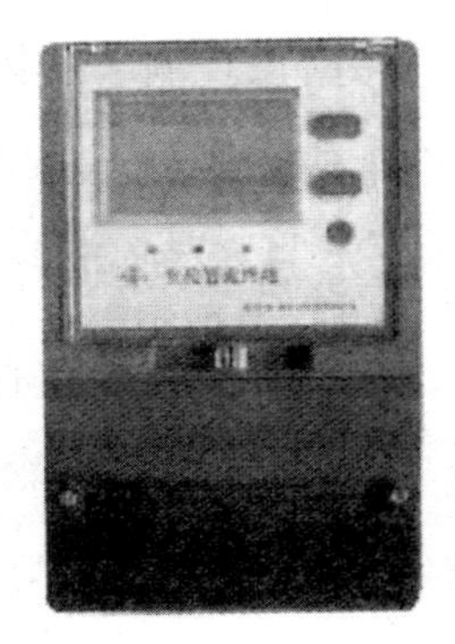

图 5 - 1 某款负荷

此电力负荷终端具有如下功能。

（1）电能表数据采集。通过 RS485 通信接口，电子负荷终端能按设定的终端抄表日或定时采集时间间隔采集、存储电能表数据，采集数据包括：有功/无功电能示值、有功/无功最大需量及发生时间、功率、电压、电流、电能表参数、电能表状态等信息。

（2）脉冲量采集。电力负荷终端能够接收 4 路脉冲输入（根据配置，如果不需要信号量采集，最大可以增加到 8 路），根据脉冲常数和其他参数，能够算出瞬时功率，累计电量。

（3）交流模拟量采集。交流采样模块（选配）能够实时采集电压、电流（包括零序电流），并且实时计算功率、电量等。

（4）数据存储。电力负荷终端可存储各类事件信息；可存储定义的各类任务数据（数据由各类电表采集信息组成，可任意组合）。

（5）设置功能。可通过红外掌机、USB 接口、远程主站对电力负荷终端设置各类配置信息。

（6）异常报警。可主动上报装置封印开启，参数修改，停电、上电，电量（功率）差动，电流互感器短路、开路，电压（流）逆相序，电流反极性，三相负荷不平衡，表计停走，电量飞走，电池电压过低等异常报警信息，在异常报警的同时可记录并上报报警时间、当时电量等相关数据。

（7）管理。电压质量统计：分别判断超上、下限的不合格次数（点）。统计电压合格率，最大、最小电压值及发生的时间。过负荷统计：记录过负荷时的相别、最大电流、发生时间（起始、结束）。

（8）控制功能。电力负荷终端支持分组多轮控制（最多4轮）功能；支持时段控制、厂休控制、营业报停控制和当前功率下浮控制；支持月电能量控制、购电能量（费）控制、催费告警；支持保电、剔除和遥控功能。

二、负荷控制中心

负荷控制中心的主要功能有以下几项。

1. 管理功能

（1）编制负荷控制实施方案。

（2）日、月、年各种报表打印。

2. 负荷控制功能

（1）定时自动或手动发送系统分区、分组的广播命令，进行跳闸、合闸操作。

（2）发送功率控制、电能量控制的投入和解除命令。

（3）峰、谷各时段的设定和调整。

（4）对成组或单个终端的功率、功率控制时段、电能量定值的设定和调整。

（5）分时计费电能表的切换。

（6）系统对时。

（7）发送电能表读数冻结命令。

（8）定时和随机远方抄表。

3. 数据处理功能

（1）数据合理性检查。

（2）计算处理功能。

（3）画面数据自动刷新。

（4）异常、超限或事故报警。

（5）检查、确认操作密码口令及各种操作命令的检查、确认并打印记录。

（6）实时负荷曲线（包括日、月和特殊用户）绘制，图表显示和复制。

（7）随机查询。

4. 系统自诊断、自恢复功能

（1）主控机双机自动/手动切换。

（2）系统软件运行异常的显示告警，有自动或手动自恢复功能。

（3）主控站通信机告警和保护信道切换指示。

（4）应能显示出整个系统硬件包括信道的工作状态。

5. 通信功能

（1）与电力调度中心交换信息。

（2）与上级负荷控制中心或计划用电管理部门交换信息。

（3）与计算机网络通信。

6. 其他功能

（1）调试时与终端通话功能。

（2）对配电网中各种电气设备分、合闸操作及运行情况监视的功能。

第四节　各种负荷控制系统原理及比较

一、负荷控制系统的分类

各种负荷控制系统其基本原理均旨在拉平负荷曲线，从而达到均衡地使用电力负荷，提高电网运行的经济性、安全性，以及提高供电企业的投资效益的目的。

各种负荷控制系统按照其对负荷的控制方式，一般分为以下两类：

（1）间接控制方式，是从电力工业发展开始，一直到现在都仍在使用的一种方式，其含义就是按照客户用电最大需量，或峰谷段的用电量，以不同电价收费，用经济措施刺激客户削峰填谷，控制用户用电情况。

（2）直接控制方式，即指在负荷高峰期及电力供需失衡时切除一部分可间断供电的负荷，这是一种技术手段。直接控制又分为分散型控制和集中型控制两种。

分散型控制是指对各客户的负荷，按改善负荷曲线的要求，在用户端安装不同功能的控制装置分别控制用户的用电量、最大负荷和用电时间，而且这些控制装置相互联系，独立地发挥各自的控制作用，如带时钟的定时开关和电力定量器，均属分散型电力负荷控制装置。

集中型控制是指中央控制机通过通道设备将控制指令传送到安装在用户端的接收装置。相对分散型负荷控制装置来说，集中型负荷控制装置运用更灵活，更能适应发电能力变化和用电负荷变化的要求。此外，集中电力负荷控制系统的功能很容易扩充，即可实现配电自动化管理。所以，集中型电力负荷控制系统是实现现代化负荷管理和配电自动化的重要手段。

负荷控制系统已从负荷分散控制系统发展到负荷集中控制系统。负荷集中控制系统由负荷控制中心、传输信道和负荷终端设备3部分组成。

根据传输信道采用通信方式的不同，负荷控制系统可以分为GSM/GPRS公用通信电力负荷控制系统、无线电电力负荷控制系统、音频电力负荷控制系统、配电线载波电力负荷控制系统、工频电力负荷控制系统、有线电话电力负荷控制系统、混合电力负荷控制系统等多种形式。下面分别予以介绍。

二、GSM/GPRS公用通信电力负荷控制系统

全球移动通信系统（Global System For Mobile Communications，GSM）是当前发展最成熟、应用最广的一种数字移动通信系统，又称全球通。

通用分组无线业务（General Packet Radio Service，GPRS）是GSM Phase2.1规范实现的内容之一，能提供比现有GSM网络9.6 kbit/s更高的数据传输率。GPRS采用与GSM相同的频段、频带宽度、突发结构、无线调制标准、跳频规则以及相同的TDMA帧结构。GPRS使用的是现有GSM的无线网络，GSM网络作为GPRS的承载网，GPRS和GSM共用相同基站、同一频谱资源，这就决定了GPRS网络与GSM网优化既相互关联，又相互制约。

GSM/GPRS方式有如下特点：

（1）公用无线网络，无须专门申请频点，只需同当地移动公司办理业务即可。

（2）采用的是公用网络，其日常的维护与管理均由服务商来负责，电力

部门只是使用网络，不需要专业的人员对通信系统进行日常的维护与管理。

（3）不易受天气及环境变化因素的影响，当地建筑的变化造成的地形地貌变化不会对系统产生影响。

（4）网络目前对各城市已经实现了无缝覆盖，无须考虑通信效果。在SIM卡基础上实现漫游。漫游是移动通信的重要特征，它标志着用户可以从一个网络自动进入另一个网络。GSM系统可以提供全球漫游，当然也需要网络运营者之间的某些协议，例如计费。

（5）安全性高。GSM/GPRS可以向用户提供以下3种保密功能：①对移动台识别码加密，使窃听者无法确定用户的移动台电话号码，起到对用户位置保密的作用；②将用户的话音、信令数据和识别码加密，使非法窃听者无法收到通信的具体内容；③保密措施通过“用户鉴别”来实现。其鉴别方式是一个“询问—响应”过程。

（6）由于GSM/GPRS系统容量很大，设计时无须考虑节点数量问题，易于扩容。

（7）施工时不用架设专门的天线，也不用调整测试设备，无须专业人员参与，简单易行。

（8）系统抗干扰能力强，由于GSM网络主要由基站构成，覆盖面很广，交叉覆盖设计，当某个基站故障时，不影响通信。

（9）系统有多种收费方式，可以有效降低运行费用。

（10）能自动选择路由。对一个移动用户发起一次呼叫的用户将不需要知道移动用户的位置，因为呼叫将被自动选路到合适的移动设备。

GSM蜂窝移动通信系统工作在如下射频频段：①上行（移动台发，基站收）890～915 MHz；③下行（基站发，移动台收）935～960 MHz；③双工间隔为45 MHz。

我国GSM系统由两个运营部门经营，频率使用情况如下：①中国移动通信集团公司890～909 MHz（移动台发），935～954 MHz（基站发）；②中国联合通信有限公司909～915 MHz（移动台发），954～960 MHz（基站发）。

随着业务的发展，可能需要向下扩展，或向1.8 GHz频段的DCS1800过渡，即1800 MHz频段。DCS1800系统工作频段如下：①上行（移动台发，基站收）1710～1785 MHz；②下行（基站发，移动台收）1805～1880MHz；③双工间隔为95 MHz。

典型GSM/GPRS公用通信电力负荷控制系统的组成如图5－2所示。

利用无线公用网GSM/GPRS组成的电力负荷管理系统和现有的其他类似系统相比，在系统可靠性、抗干扰性、稳定性、组网便捷性、可维护性、功能扩展性等方面均具备明显的优越性，并可降低运营成本和劳动强度，实现电力系统的多级联网。

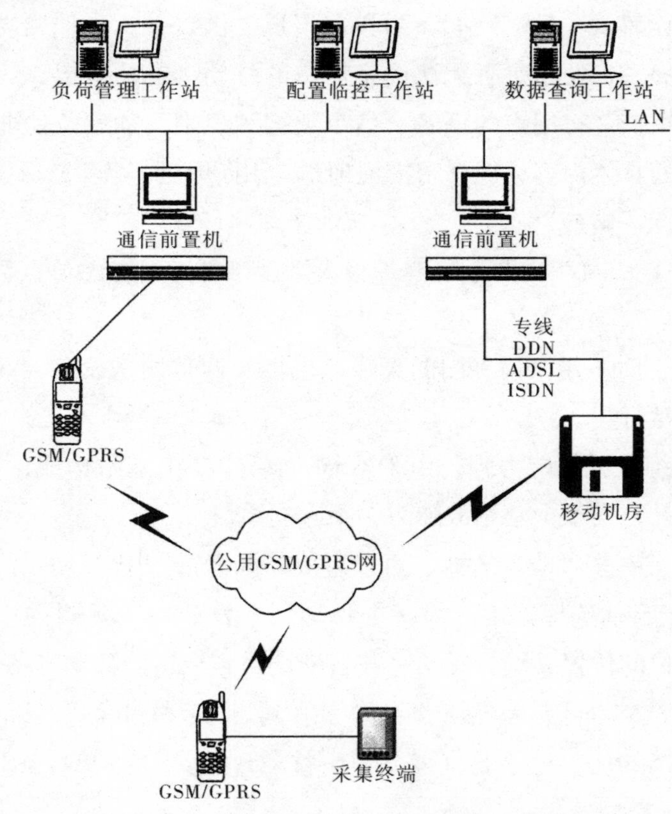

图5－2　典型GSM/CPRS公用通信电力负荷控制系统的组成

三、无线电电力负荷控制系统

无线电负荷控制系统是指以无线电作为信息传输通道对地区和用户的用电负荷、电量及时间进行监视和控制的技术管理系统。

无线电负荷控制系统是一种应用较广泛的形式，为了方便应用，国家无线电管理委员会为电力负荷监控系统划分了专用频率，如表 5－2 所示，并规定调制方式为移频键控的调频体制，传输速度为 50～600 Kbit/s，必要带宽小于16 kHz。表 5－2 中的中央监控站发射频率和终端站发射频率依序号顺序对应。具体使用的频率要与当地无线电管理机构商定。

表 5－2　全国电力负荷监控系统的频率　　（单位：MHz）

中央监控站发射频率									
1	2	3	4	5	6	7	8	9	10
224. 125	224. 175	224. 325	224. 425	224. 525	228. 075	228. 125	228. 175	228. 250	228. 325
终端站发射频率									
1	2	3	4	5	6	7	8	9	10
231. 125	231. 175	231. 325	231. 425	231. 525	228. 075	228. 175	228. 250	228. 250	228. 325

230 MHz 无线专用通信网对大用户监测无疑是目前为止的较好的方案。这是因为国内的大多数城市或地区供电企业先后都建立起了 230 MHz 无线通信网架，系统通信网络除正常的维护工作外，没有其他额外的运行费用。230 MHz无线通信网络具有系统通信响应时间快、终端可响应广播命令等优点，非常适合在负荷管理与监控系统中实现紧急控制功能使用。但设备及安装的成本比采用 GSM/GPRS 公用网通信要高，这也是基于 230 MHz 无线通信的终端设备比较难以在小型用户和台式变压器监测大规模使用的原因。一般来说，用户的负荷分布适合 80∶20 原则，即 20% 的大用户用电负荷占总负荷的 80%，而 80% 的小用户负荷只占总负荷的 20%。对 20% 的大用户，占所监控和管理总负荷的大部分，要求采集数据的实时性要求高，及通信数据量比较大，宜采用 230 MHz 无线通信方式，一方面能满足通信要求，另一方面可有效避免通信费用较高的问题。对于 80% 的小用户，数据通信实时性要求不高，通信数据量也比较小，可采用公网通信方式。既可有效限制系统运行的通信费用，又可降低设备采购及维护的费用，由于更多的中小型用户参与负荷管理成为可能，从而系统监控面将不断地扩大。

典型无线电电力负荷控制系统的组成如图 5－3 所示。负荷控制中心通过无线电波将各种控制命令发射出去，用户接收到信号后，经调制解调执行相应的命令。在用户端，电表、配电开关的电流、电压、开关状态等信息也可以通过电台发射到负荷控制中心。当地形不利或者控制半径大于 50 km 时，可以采用增设中继站的办法来实现大面积的数据传输。如图 5－3 中所示，中继站主要用于接收和转发数据。中继站常常是无人值守的，因此对中继站的工作可靠性要求很高。为此，中继站的无线数传机、天馈线、电源等应全部采用双机热备份，并配有一个电源系统。该电源系统不仅有交流备份，而且当交流停电时，能以蓄电池供电，以确保中继站可靠地连续工作。此外，系统要求中继站受主控中心的控制命令转发或切换主/备信道，并应将切换结果送主控中心显示，还要按主控中心的召唤而返回各种数据。因此，中继站应设置控制分机，其作用是在主控中心能及时和有效地监测系统信道运行状态，实施对中继站的控制，提高系统的可靠性，以达到中继站无人值守的要求。

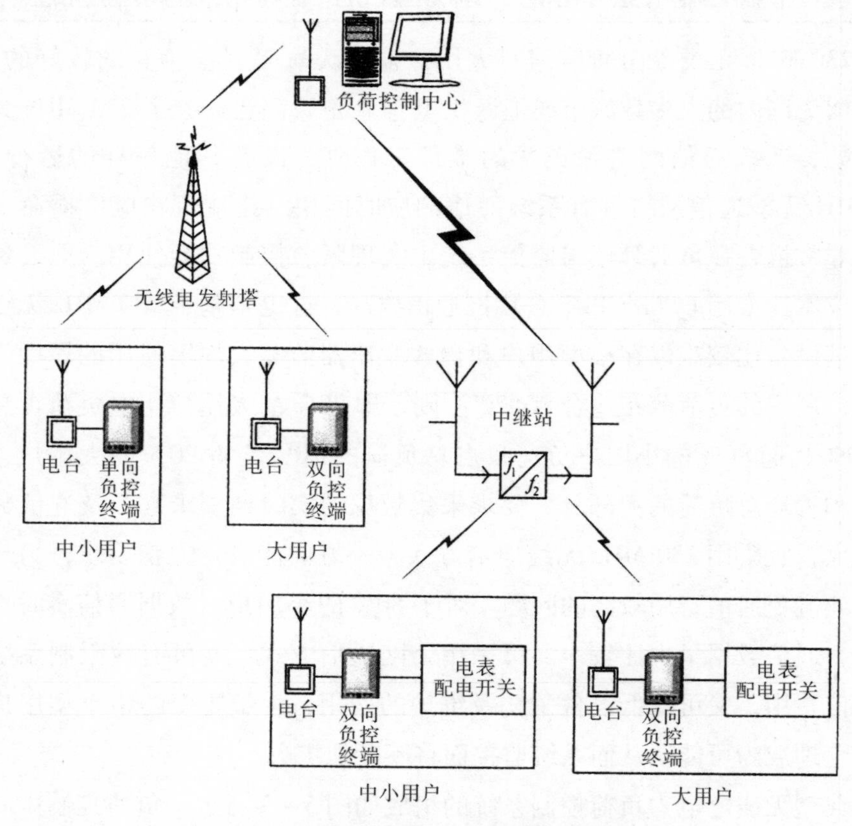

图 5－3　典型无线电电力负荷控制系统的组成

无线电电力负荷控制系统的主要优点：整个系统自成体系、组网灵活、容易建成双向系统，且覆盖面广、安装调试容易、不涉及变电站的设备，适宜在平原、大用户多的地区使用。

无线电电力负荷控制系统的主要缺点：通信质量受地理、气候、环境以及其他外部因素的影响，特别是在丘陵、山区等地形较为复杂的地区，大面积发展无线电负荷管理系统非常困难，尽管可以采用增设中继站办法，但增加中继站使系统的投资、维护量也相应加大；另外，若中继站发生故障，则会导致系统大面积瘫痪，该中继站下面的全部终端无法与主控中心联系，致使大量客户的原始数据丢失。

四、音频电力负荷控制系统

音频负荷控制系统是指将167～360 Hz的音频电压信号叠加到工频电力波形上直接传送到用户进行负荷控制的系统。这种方式利用配电线作为信息传输的媒体，是最经济的传送信号的方法，适合于在负荷广、地形复杂的地区使用。

音频控制的工作方式与电力线载波类似，只是载波频率为音频范围。与电力线载波相比，它传播更有效，有较好的抗干扰能力。在选择音频控制频率时要避开电网的各次谐波频率，选定前要对电网进行测试，使选用的频率具有较好的传输特性，又不受电网谐波的影响。目前，世界上各国选用的音频频率各不相同，例如，德国为183.3 Hz和216.6 Hz，法国是175 Hz，也有采用316.6 Hz。另外，采用音频控制的相邻电网，要选用不同的频率。

因为音频信号也是工频电源的谐波分量，它的电平太高会给用户的电器设备带来不良影响。多种试验研究表明：注入到10 kV级时，音频信号的电平可为电网电压的1.3%～2%；注入到110 kV级时则可高到2%～3%。音频信号的功率约为被控电网功率的0.1%～0.30%。

音频控制的另一个缺点是音频信号发射机和耦合设备价格高，没有双向终端，所以音频控制为单向传输，只能进行远方遥控开关，控制方法停留在拉闸的水平，不能作为计划用电的手段，使其发展前景受到限制。

五、配电线载波电力负荷控制系统

配电线载波电力负荷控制是将信号调制在高频信号上通过电力线路进行

传输。其工作方式与音频负荷控制有很多相似之处。通常载波频率为5～30 kHz，与音频负荷控制系统相比，电力线载波负荷控制系统的载波频率较高，因而耦合设备简单；其次，载波信号发生器的功率较小，但为了使处于电网末端处的用户端有足够电平的信号，有时要装设载波增音器；此外，由于频率较高，对电网中安装的补偿电容器组要采取必要措施，以避免补偿电容器组吸收载波信号。

配电线载波电力负荷控制方式的优点是可以实现单、双向传输，适宜负荷密度大的地区；缺点是施工时和以后的维护涉及大量的变电站一次设备，电力部门投资较大。

六、工频电力负荷控制系统

工频电力负荷控制是利用电力传输线作为信号传输途径，并利用电压过零的时机进行信号调制，使波形发生微小畸变，用这种畸变来传递负荷控制信息。按照一定规则对一系列工频电压波过零点打上“标记”，就可以编码发送工频控制信息。

工频电力负荷控制的优点：信号发射机简单便宜，适宜在供电电源波形好、负荷小的区域使用；缺点：信号容易受电网谐波影响，抗干扰性差。

七、有线电话电力负荷控制系统

电话线复用方式负荷控制由中心站直接接到电话线的各种终端组成。通过中心站自动拨号或随机拨号接通某一终端进行负荷控制。这种控制方式的缺点是不能实现群控。

第六章　配电网安全防护

第一节 配电网安全防护基础

安全生产是电力企业经营发展的基础，与国民经济和人民生活关系极大，必须贯彻执行“安全第一，预防为主，综合治理”的总方针，系统、全面地考虑电网安全，建立国家、政府、企业、个人的法则规范、责任素质和技术装备等“立体”防护体系，在规划设计、运输施工、验收运行、维修试验、更新改造、退役报废全过程实施安全防护。

国家电网公司“三集五大”中的“五大”（大规划、大建设、大运行、大检修、大营销）体系建设的基础首先是“安全”，智能电网建设发展需要“配电网安全防护技术”的支撑，通过技术手段，解决电力生产安全问题，既是企业发展的需要，也具有社会和谐的责任。因此，我们必须重视配电网安全防护工作。

“保人身、保电网、保设备”是电网安全的总原则。配电网作为电网的重要组成部分，前端关联着发电、制造企业，后端关联着用户、百姓，本身则直系企业、员工。因此，配电网安全防护技术研究及应用具有重要意义。

一、配电网安全防护的定义

1. 电网保护与安全防护的区别

“电网保护”是防止不安全事件影响扩大的事后对策，属于被动性行为；而“安全防护”是防止不安全事件发生的事前策略，属于主动行为。前者比较直观和容易被接受，后者相对隐蔽容易被轻视。

2. 影响配电网安全的因素

配电网安全事故的内部因素表现为装置违章、行为违章和管理违章，外部因素表现为外力破坏和不可抗拒性自然灾害等。防止配电网安全事故主要包括：防误触碰、防高处坠落、防误操作、防小动物、防外力破坏、防火防盗、防鸟害等。

3. 安全防护的两个方面

配电网安全防护包括管理和装备两个方面：管理方面，通过专业理论分析和经验教训总结，制定出法规性要求约束和标准化规范流程；装备方面，通过技术手段达到所防范的目的。两者缺一不可，但配电网的特性以及事故案例警示我们，装备层面上的安全防护更为重要且具有实效性。

二、配电网安全防护的内容

配电网安全防护的重点是：防止误登有电杆塔感电、防止误入有电设备间隔触电、防止高处坠落、防止物体打击、防止有害有毒气体伤害；防止系统稳定破坏、防止大面积停电；防止设备损坏、防止电网设备遭到破坏。

1. 人身安全防护

“保人身”的主旨是防止发生电力生产人身伤亡事故，包括人身死亡、重伤和轻伤。伤亡类型主要有：触电、坠落、物体打击、火灾灼烧、电动力和机械力伤害、毒气毒液伤害等。人身伤亡的安全防护主要针对以下方面：

（1）职工从事与电力生产有关的工作过程。

（2）企业的劳动条件、作业环境、管理状况。

（3）他人从事电力生产工作中的不安全行为。

（4）设备或设施导致突发性事件，如设备爆炸、火灾、生产建（构）筑物倒塌等。

（5）停薪留职职工和已退休而又被本企业聘用人员、本企业雇佣或借用外企业职工、民工和代训工、实习生、短期参加劳动的其他人员，在本企业的车间、班组及作业现场，从事有关电力生产工作过程。

（6）政府机关、劳动部门、上级主管部门组织有关人员进行检查或落实。

（7）本企业领导的多种经营企业，承包与电力生产有关的工作中。

（8）两个及以上企业在同一生产区域、同一作业场所进行电力生产交叉作业。

（9）职工从事与电力生产有关工作的交通驾乘。

（10）非本企业承包与电力生产有关的工作。

配电人身安全防护的重点是防止触电、坠落、物体打击和急性中毒。人身事故主要归于行为违章和装置违章，这也是人身安全防护的重中之重。

2. 电网安全防护

“保电网”就是防止发生电网事故，电网事故主要包括电压和频率失稳、系统解列、大面积停电等，造成电网事故的因素主要有以下方面：

（1）电网结构设计缺陷。

（2）系统参数超极限运行。

（3）设备制造和检修质量原因，装置缺陷、继电保护不正确动作等事故扩大化。

（4）恶性误操作。

（5）地震、冰洪、污闪、泥石流等自然灾害。

（6）外力破坏。

电网安全防护是系统性工程，从网络结构规划设计、电网建设安装施工、运行方式调度监控、设备检修运维消缺等各环节予以控制。配电线路容易遭受外力破坏，应重点予以防护。配电网事故主要体现在管理违章方面，因此应侧重做好管理方面的配电网安全防护工作。

3. 设备安全防护

"保设备"就是防止发生设备损坏事故，配电网设备损坏事故主要体现在以下方面：

（1）变压器损坏。

（2）开关设备、互感器爆炸。

（3）刀闸磁柱断裂。

（4）设备绝缘损坏。

（5）杆塔倾倒、基础沉移。

（6）二次设备损坏。

设备安全防护主要控制设备制造质量、安装工艺质量、检修试验质量、运行维护质量、设备巡视质量、季节性工作及事故预防等。运行中主要防控火灾、小动物、外力破坏、盗拆、雷害和鸟害等。设备事故以装置违章为主，管理违章和行为违章导致的设备事故也不可轻视。

第二节　现场作业安全防护

一、触电防护

1. 触电的危害

触电的危害有电击和电伤两种形式。电击是指电流通过人体内部，造成人体内部器官的损伤和破坏；电伤是指电流瞬间通过人体的某一部位或电弧对人体表面的烧坏。

触电时流过人体的电流安全极限为 30 mA（工频电流），触电电流与接触电压和人体电阻有关，人体的电阻包括“体内电阻”和“皮肤电阻”两部分，通常人体的平均电阻按 1000 Ω 为计算依据。

触电的伤害程度与触电持续时间密切相关，我国规定：触电电流与触电时间的乘积不得超过 30 mA · s。

由于人体从一只手到另一只手的触电电流路径直接通过心脏，因此这种触电对人的生命危及程度最大。由于交流电峰值高于有效值，因此相同电压等级的交流电比直流电危害程度大。对于交流电，工频的危害程度大于高频。

2. 触电的分类

人体触电主要包括直接接触触电和间接接触触电，此外还有高压电场、高频电磁场、静电感应、雷击等触电方式。

当人体直接接触或过分靠近带电导体时将会发生单相触电、两相触电、电弧伤害类直接接触触电；当人体触及正常情况下不带电、而故障情况下变为带电的设备外露的导体时，将引起接触电压、跨步电压间接接触触电。

3. 防止触电的安全技术

防止触电的安全技术有绝缘防护、保护接地、保护接零、漏电保护等。

（1）电气设备绝缘防护的措施主要有：不使用质量不合格的电气产品；按规程和规范安装电气设备或线路；按工作环境和使用条件正确选用电气设备；按照技术参数使用电气设备，避免过电压和过负荷运行；正确选用绝缘材料；按规定周期和项目对电气设备进行绝缘防护性能试验；改善绝缘结构；在搬运、安装、运行和维修中避免电气设备的绝缘结构受机械损伤、受潮、脏污；在中性点不接地系统装设绝缘监察装置和消弧设备。

（2）为防止人身因电气设备绝缘损坏而遭受触电，将电气设备的金属外壳与接地体连接形成保护接地。

（3）中性点直接接地的 380 V/220 V 三相四线制系统，采用把电气设备外壳与电源的中性线 N 连接形成保护接零。

（4）在低压电源回路加装漏电保护器，当人体与低压导体接触时快速切断电源，起到对人体的保护作用。

4. 配电现场作业防触电措施

(1) 电气工作人员应严格遵守安全规程，根据电力设备所处环境和电力生产实际，有针对性地制定安全措施。包括设置安全遮栏、装设安全围栏、设置安全警示标志等，使人体不能接触和接近带电导体。

(2) 无论高压设备是否带电，工作人员不得移开或越过遮栏（或围栏）；确因工作需要移开遮栏（或围栏）时，必须有监护人在场监护，并满足设备不停电时的安全距离要求。

(3) 高压设备的中性点接地系统的中性点视为带电体，不得触摸。

(4) 正确使用安全防护用具。高压验电应戴绝缘手套，绝缘杆长度满足电压等级规定要求，手握位置不得超过允许范围（对于伸缩式绝缘杆，不得超过手柄护环），人体与验电设备保持安全距离。雨雪天气不在室外进行直接验电，确需验电时必须使用防雨绝缘杆。

(5) 单人操作时不得进行登高或登杆操作。严禁变电运行人员不认真执行操作监护制误入带电间隔，在电气设备停电后（包括事故停电），在未拉开有关隔离开关和做好安全措施前，不得触及设备或进入遮栏，以防突然来电。

(6) 高压开关柜内手车开关拉出后，开关柜的隔离挡板必须可靠封住，禁止开启进行任何冒险性作业（如核相、测量等），并设置“止步，高压危险！”标识牌。

(7) 在未办理完工作许可手续前，任何车辆及工作班成员不得进入安全遮栏（或围栏）内和触及设备。办理完工作许可手续后，工作负责人（监护人）在安全位置向每位工作班成员进行详细的安全工作交代和提问，若有迟到人员，应对其做单独交代，保证所有工作班成员都清楚工作任务、工作地点、工作时间、停电范围、邻近带电部位、现场安全措施、危险点、注意事项。

工作中，监护人必须始终在现场认真履行监护职责。根据作业点和作业面情况，增设专责监护人和确定被监护人。按照到岗到位标准，各级管理人员到现场实施工作安全监督。包括工作班成员在内的所有作业现场人员，都应及时制止违章行为。

(8) 设备构架设置防误登封挡及“禁止攀登，高压危险！”标识牌。检修人员攀登设备架构前，首先应认真核对设备名称、编号，明确走向和作业位置，检查现场安全措施无误后方可开始攀登，攀登过程中须与邻近带电设备保持足够的安全距离。当现场布置的安全措施妨碍工作时，征得工作许可人同意后方可变动安全设施，变动后的安全措施必须保证作业安全，并将变动情况及时记入值班记录中，工作中加强安全监护。

(9) 严禁检修（试验）人员不执行工作票制度擅自扩大作业范围进行工作。完成工作票所列任务撤离现场后，若又发现有需要处理的问题，必须向工作负责人汇报，在工作负责人带领下进行处理，禁止擅自处理。若已办理工作终结手续，则必须重新办理工作许可手续后方可进行。

工作间断复工前，必须认真核对运行方式和安全措施是否改变，尤其对于有部分设备先送电的情形。当运行方式发生改变或安全措施变动后，仍有检修试验作业需要进行时，工作许可人必须重新向工作组交代，变动后的安全措施必须满足作业安全要求。

(10) 电气设备及线路作业前必须验电和接地，装拆接地线要保证顺序正确，接地端须先装后拆。人体不得碰触接地线或未装接地线的导线，检修人员带地线拆设备接头时必须采取防止地线脱落的可靠措施，以防感应电触电伤人。

有平行线路或邻近带电设备导致检修设备可能产生感应电时，应加装接地线或使用个人保安接地线。

(11) 在变电站、配电站、开关站的带电区域或邻近带电线路处，禁止使用金属梯。搬动梯子等长物时应放倒，由两人搬运，并与带电部位保持足够的安全距离。

使用绝缘绳传递大件金属物时，杆塔或地面作业人员应将金属物接地后再接触，以防雷击。

严禁在带电设备周围使用钢卷尺、皮卷尺和线尺等带金属器材进行测量工作，防止工作人员触电。

(12) 在电气设备上进行高压试验，应在试验现场装设遮栏，向外悬挂“止步，高压危险！”标识牌，并设人看守，非试验人员不得靠近。防护范围包括所有加压设备，安全距离符合安全规程要求，由于高压试验拆开的设备引线必须将其绑牢，防止引线摇晃触及邻近带电设备和被试设备而造成触电。

试验结束后及时断开试验电源，将试验设备和被试设备正确充分放电。

（13）室内母线分段部分、交叉部分，及部分停电检修容易误碰有电设备的，应设置明显的永久隔离防护挡板或隔离防护网。

清扫高压配电室母线、低压交流电源屏，应先将备用电源（含多回路电源）、联络电源等对侧带电的或可能来电的间隔停电。所有断开的开关操作处设置“禁止合闸，有人工作!”标识牌。

有电的开关柜门须有防误闭锁，防误闭锁钥匙必须由运维人员严管，检修人员一律不得擅自开锁。

（14）对配电变压器台架或低压回路进行检修工作，必须先断开低压侧开关，后拉开高压侧隔离开关或跌落式熔断器，然后在停电的高、低压引线上验电和接地，所有断开的开关操作处设置“禁止合闸，有人工作!”标识牌。操作跌落式熔断器和隔离开关时，必须使用合格的绝缘杆并戴绝缘手套，严禁徒手直接摘挂熔丝管。

（15）线路检修、施工人员应严格执行安全规程关于同杆塔架设多回线路、平行线路、交叉线路防误登有电线路的有关措施。特别注意同杆架设的10 kV及以下线路带电情况下，另一回线路登杆停电检修和曾发生变动的改造线路有带电部分的情况。

线路改造后，必须认真检查旧线路、分支是否确已拆离，是否存在新旧线路混接及其他线路、用户电源线路构成的隐患。

具有双电源的用户必须装设双投开关、双投刀闸或采用其他可靠的防反送电技术手段（如低压反向开关设备），防止用户乱接线、使用小型自备发电机向配电变压器低压侧及低压配电线反送电。

（16）线路事故巡视时，应始终视为线路带电，严禁登杆塔作业，防止已停电线路随时恢复送电。雷雨时不准进行线路巡视工作，线路发生接地故障、雨后线路巡视应2人一同巡视，巡线人员应穿绝缘靴。

（17）在带电设备附近测量绝缘电阻时，应适当选择测量人员和测量工具的位置，保持安全距离，移动测试线时格外注意，以免测试线支持物触碰带电部位。

（18）处理多条同路敷设的电缆线路故障时，在锯电缆前应核对电缆敷设走向与图纸相符，并使用专用仪器确证电缆无电后，用接地的带绝缘柄的铁钎钉入电缆芯后方可工作。扶绝缘柄的人员应佩戴绝缘手套，站在绝缘垫上，并采取防灼伤措施。

(19) 配电设备接地电阻不合格时，必须穿绝缘鞋戴绝缘手套方可接触箱体。

(20) 生产现场各种用电设备和电动工具、机械，特别是砂轮机、电钻、电风扇等，其电动机或金属外壳、金属底座必须可靠接地或接零。

(21) 在容易触电的场合使用安全电压，低压电气设备应进行安全接地。在低压回路配置剩余电流动作保护装置，检修试验电源板应安装漏电保护器，并定期检查试验，确保动作正确。

现场使用的电源线应按规定规范连接，绝缘导线不能有破损，电源刀闸盖要齐全。插座与插头应配套，保证完好无损，严禁将导线直接插入插座取得电源。

(22) 高、低压配电室等场所在雷雨天气有引发火灾、爆炸事故的危险，应配置完善的防雷设施。

二、高处作业

1. 高处作业的定义与分级

凡在坠落高度基准面 2 m 及以上进行的作业均属于高处作业，高处作业高度分为四个等级，见表 6－1。

表 6－1　高处作业等级

高处作业等级	一级高处作业	二级高处作业	三级高处作业	特级高处作业
基准坠落高度	2～5 m	5～15 m	15～30 m	30 m 以上

2. 高处作业的安全风险

高处作业存在高处坠落而导致人身伤亡事故的安全风险，因此，凡是高处作业，就须做好防范措施，保证作业安全。

3. 高处坠落的原因

高处坠落的原因包括主观原因和客观原因，多数情况发生的高处坠落事故的原因不是单一方面的，而往往是主观原因和客观原因相互作用的结果。

高处坠落的主观原因主要有：

(1) 作业人员身体有病（如高血压、心脏病、癫痫病、精神病等），不适应高处作业。

（2）心理胆怯，手忙脚乱，出现差错。

（3）长时间工作，身体疲倦，安全注意力分散。

（4）注意力过度集中，顾此失彼，忽视自身安全。

（5）思想麻痹大意，疏于安全防范。

（6）防护措施不利，安全带等劳保用品使用不正确，检查不认真。

高处坠落的客观原因主要有：

（1）作业面狭窄，作业活动范围受限。

（2）四周悬空，容易扑空踏空。

（3）风力大，站不稳。

（4）雨、雪、雾、夜可视度低，判断失误。

（5）建筑物预留孔洞多，屋顶坡度大、易倾滑。

（6）吊栏、平台发生故障。

（7）意外伤害，如吊车异常、电杆倾断、飓风袭击等。

（8）安全防护用具不合格，起不到保护作用。

（9）安全设施不完善，防护功能缺失。

4. 高处作业安全要求

为保障高处作业安全，对工作人员和工作条件提出下列要求：

（1）健康条件方面，要求参加高处作业人员须经医生体检合格。凡患有心脏病、高血压、癫痫病、精神病、聋哑等不允许参加高处作业；酒后、精神不振、精力不集中等禁止登高作业。

（2）穿着佩戴方面，要求高处作业人员必须戴好安全帽、穿软底鞋、系好安全带和使用安全网等劳保措施，严禁穿背心、短裤、裙子、高跟鞋和拖鞋。

（3）防护设施方面，正确搭设和使用脚手架、梯子，根据高处作业实际情况做好具体安全防护措施，并认真检查。如起重工具是否安全可靠，起重机的制动、保险装置和保护装置是否灵敏可靠，斗臂车绝缘臂是否合格，楼梯、钢梯、平台等防滑措施是否完备可靠等，发现问题应及时处理。

在未做好安全措施的情况下，不准登在不坚固的结构（如彩钢板坡屋顶）上进行作业。

在没有脚手架或在无栏杆的脚手架上作业，或坠落相对高度超过 1.5m 时，必须使用安全带或采取其他可靠的安全防护措施。

起重、吊装施工作业区域应设置围栏和警告标志。

生产厂房电梯使用前，应经国家有关部门检验合格，取得准用证并定期检验，设专责维护管理。严格执行安全使用规定和定期检验、维护、保养制度，正确使用。

（4）配戴物品方面，要求高处作业人员应配戴工具袋，使用的工具应系安全绳。

（5）工作环境方面，要求高处作业人员在工作前，必须对周围的安全设施进行检查，周围若有孔洞、沟道等应铺设盖板、安全网。高处作业的平台、走道、斜道等应装设 1.0 m 高的防护栏杆和 18 cm 高挡鞋板，作业及作业后不得擅自拆除或移动这些安全措施。

（6）气候条件方面，要求冬季作业应有防滑、防冻措施。在气温低于 -10 ℃时的露天高处作业时，施工场所附近应设取暖休息室；夏季作业应有防暑措施；在气温高于 35 ℃的露天高处作业时，施工集中区域应设凉棚并配备适当的防暑降温设施和饮料；6 级及以上大风或恶劣气候应停止露天高处作业；在霜冻或雨天进行露天高处作业时应采取防滑措施；夜间作业应配备良好的照明。

（7）作业休息方面，要求高处作业人员休息不得坐在平台、孔洞边缘，不得骑坐在挡杆上或躺在走道板、安全网内休息。

（8）杆上作业方面，要求在电杆上进行作业前应检查电杆及拉线埋设是否牢固，强度是否足够，并应选用合适杆型的脚扣，使用具有后备绳的双保险安全带，登杆塔前先检查工具、设施（如脚扣、升降板、安全带、梯子和脚钉、爬梯、防坠装置等）是否完整牢靠。严禁携带器材登杆和在杆塔上移位，严禁利用绳索、拉线上下杆塔。上杆塔作业前应检查横担连接是否牢固、有无腐蚀情况，检查安全带应系在主杆或牢固的构件上。

钢管杆横担处设有转位扶手构件。

在构架及电杆上作业时，地面应有专责监护人、联络人。

（9）作息时间方面，要求高处作业人员必须有足够的休息时间（比如晚上休息时间不得晚于 23 时），不准在身体、精神疲劳状态下参加高处作业。

三、焊接作业

电力生产建设中焊接工艺广泛使用，防护焊接引起的爆炸、火灾、灼伤、触电和中毒非常重要。

1. 气焊（割）作业安全注意事项

（1）工作场所：工器具有序放置；保持必要通道；处理好可燃易爆物；氧气瓶与乙炔瓶的距离应大于5 m，气瓶与明火距离不小于10 m。

（2）设备、工具使用：识别氧气瓶、乙炔瓶及其胶管；氧气瓶及乙炔瓶的储运和使用避免剧烈振动和撞击，搬运须用专门台架或小推车，注意防热、防油、防静电火花和绝热压缩，严禁气瓶暴晒或用火烘烤；焊（割）炬使用前先检查射吸性能、再检查是否漏气；不得用焊炬、割炬作为照明使用；氧气瓶与乙炔瓶不能同时搬运。

（3）气焊（割）操作：按操作顺序进行；回火处理、软管着火时按标准流程进行；气割前对工件表面进行处理。

2. 电焊作业安全注意事项

（1）工作场所：工器具有序放置；保持必要通道；处理好可燃易爆物；采用遮栏、护罩、护盖、箱闸等屏护措施；采取隔离措施、使用安全自动断电装置和加强个人防护。

（2）电焊设备：电焊设备应有接地或接零保护；电焊机、行灯变压器外壳须可靠接地，高、低压侧接线柱必须加保护罩，以防误触碰；不停电更换焊条时必须戴焊工手套进行；电缆线完好，长短适宜。

（3）电焊操作：工作前安全检查；注意焊接电流走向；改变焊机接头、搬移焊机位置、更换焊件二次回路、更换熔丝、工作完毕或离开现场、焊机故障检修时应切断电源；焊工注意工作服、手套、鞋盖，特制防护面罩等保健安全防护；在潮湿等恶劣环境下进行电焊作业，必须站在干燥的木板上或穿橡胶绝缘鞋或绝缘靴；在金属容器内进行焊接作业时，使用的行灯电压不准超过12 V，不准使用自耦变压器。

四、物体移位相关作业

1. 物体打击形式

在作业中发生物体打击所呈现的形式有碰撞和反冲运动两种，运动的物体可击中人体或设备，发生强烈的相互作用力使人和机械设备受到损害。使人或机械遭受打击的物体碰撞力有两种情形，一是高处落物碰撞力，二是横飞物体碰撞力。前者是由于物体自身重力（即地球的引力）所致，后者是静止物体受另一物体对其施加压力所致。

2. 发生物体打击的原因

处于不稳定状态的物体在一定的外力作用下发生碰撞和反击运动，如果疏于防范将造成人或机械损伤的物体打击事故。物体打击主要有以下方面原因：

（1）对作业环境存在的不稳定物体疏于检查。

（2）安全规程执行不力、安全风险估计不足，随意抛掷物件。

（3）在高处传递物件不使用安全绳，运送物料捆绑方法不当。

（4）在防止落物措施不完善的情况下进行有落物危险的作业。

（5）安全意识差，高处交叉作业不戴安全帽。

（6）野蛮作业，防护措施不力，造成物件飞脱。

3. 物体打击预防措施

防止物体打击是全体作业人员责无旁贷的责任和义务。树立和增强高度的安全责任感意识，互相关心工作安全，不使自己和别人受到伤害。若防落物安全措施不完备，作业人员应拒绝作业，并予以上报。在此前提下，要做好以下方面具体的安全防护：

（1）任何人进入生产现场（办公室、控制室、值班室、检修间除外），都应戴好安全帽。

（2）在高处作业现场，工作人员不得站在作业处的下面。高处落物区、起吊和牵引受力钢丝绳周围、上下方和内角侧，严禁有人通行或逗留。高处上下层同时作业时，中间应搭设严密、牢固的防护隔离措施。

吊运重物不得从人头顶通过，吊臂下严禁站人，不准跨越或用手拉钢丝绳。

在人行道口或人口密集区从事高处作业，在其下方应设安全围栏或其他保护措施。

（3）钻床、切削机床等的加工件应夹紧固牢，防夹具脱落装置应可靠。

（4）砂轮机安装位置应选择合适，禁止正对附近设备及操作人员或在经常有人过往的地方安装使用。定期检查防护罩、接地等是否满足安全要求。使用砂轮磨削工件时应戴护目镜或装设防护玻璃挡板，操作者应站在砂轮的侧面，以免砂轮破碎或飞出情况下受伤。

手提式高速砂轮机应由有经验的工作人员操作，使用前应先检查磨具是否匹配，禁止高速砂轮机使用低转速砂轮片。

（5）卸水泥杆时应打好护木，防止车身倾斜和水泥杆滚动伤人，并用缆绳固定，以防散堆。不得将数根水泥杆同时滚向卸杆的车厢侧，应松一根放一根。卸杆时应利用跳板或圆木搭成斜道，放滚时应用大绳缓滚溜放，溜放时滚杆前方严禁站人。

在用绳子牵引水泥杆上坡时，必须将水泥杆捆实绑牢，钢丝绳不得与地面接触摩擦。爬坡路线两侧 5 m 以内不准有人停留或通过。

（6）线路施工紧线时，应检查接线管或接头及过滑轮、横担、树枝、房、墙等处是否有卡挂。若有导、地线被卡挂，应松线后进行处理。处理时应站在卡线受力角外侧操作，使用工具、大绳等撬、拉卡线，严禁用手直接拉携、推举。

（7）立、撤杆塔过程中基坑内严禁有人，除指挥人及指定人员外，在杆塔高度 1.2 倍距离的方圆范围内不允许有其他人员。

线路拆旧作业时，应先安装防倾倒拉线，检查可靠后方可进行断线工作。导线下方和受力角内侧不允许站人，以防意外跑线伤人。

（8）在从事压力容器（如开关液压机构、氧气瓶、氮气瓶、乙炔瓶等）作业时，应严格按照操作规程执行，以防喷出物或容器损坏伤人。

五、起重、搬运作业

1. 起重伤害的主要因素

起重伤害是指因起重机装修、保养和使用不当而引起的人身伤害。造成起重伤害的主要原因可分为违章指挥、违章操作和机械设备缺陷等方面。

（1）在违章指挥方面的表现主要有：使用的起重机械性能不满足实际要求，即行指挥起吊；安全措施不落实，强行命令员工冒险作业；指挥起吊的步骤不正确；判断失误造成误指挥；指挥信号使用不规范，给操作人员造成错觉；不严控、清离起吊现场人员等。

（2）在违章操作方面的表现主要有：起吊前不认真细致检查机械设备，使其带有故障工作；重物捆绑吊挂方式、部位错误；起吊方式不当，造成摆动、脱钩或散落；载荷超标，造成吊臂折断或吊车倾移；作业人员处于危险区内等。

（3）在机械设备缺陷方面的表现主要有：吊具失效，造成重物坠落；安全装置失效；操作系统失灵，造成受力重物失控；啃轨，造成紧固件松动；起重机械的稳定力矩克服不了塔身的倾覆力矩，造成起重机倾倒。

2. 起重伤害的预防措施

起重、搬运作业安全预防主要从吊装准备、起吊控制和搬运防护方面予以预防。

（1）在吊装准备方面要做到：制定施工方案和安全措施，进行技术交底；所用的起重机械额定载荷、吊臂长度等技术指标满足实际需要；检查起重设备和工具，使用的起重机一年至少进行一次全面技术检查，新装、拆迁和大修的起重机需做动、静载荷试验后方可使用；正确选定承力点，严禁利用运行设备、管道、脚手架、平台承力；起吊前进行重物棱角处理；准备好统一指挥的信号（指挥旗、口哨等）。

（2）在起吊控制方面须做到：按 GB5082 – 1985《起重吊运指挥信号》要求统一指挥；严格按照起重机的操作说明书要求进行操作；起吊大件前必须绑牢挂实，吊钩挂点与吊物重心在同一铅直线上；重物起吊应专人检查，吊离地面 10 cm 时暂停起吊全面检查；起重机严禁同时操作 3 个动作，使用链条葫芦吊重时，若人离开，应锁住链条，不得长时间悬停空中；起吊过程设专人检查缆风绳、地锚等受力情况；起重机回转范围严禁站人、行走和工作；起吊物上严禁载人；移运式起重机一般禁止进入带电区域和高压线下工作，必须进入的，履行安全作业审批手续、专业人员监护，起重机臂架、吊具、辅具、钢丝绳及吊物等与带电体间保持不小于表 6 – 2 所规定的安全距离；绝缘子吊装按标准工艺进行；五级风时露天起吊重物的重量不准接近起重机的额定载荷，六级及以上风时应暂停起吊作业。

（3）在搬运防护方面要做到：铺设好下走道，且下走道平直、铺设枕木接头互错；重心置于托板中心；托运物体不得在不牢固的建筑物或运行设备上绑扎滑车组；打木桩绑扎滑车组时应摸清地下情况；起重、吊运、有钢丝绳危险区域派人看守，严禁停人、停车和通行；汽车搬运严禁超载。

表6－2　起重机臂架、吊具、辅具、钢丝绳及吊物等与带电体的最小安全距离

电压（kV）	<1	1～10	35～66	110
最小安全距离（m）	1.5	3.0	4.0	5.0

六、机械作业

1. 机械能的危害

电力生产施工采用机械化进行作业时，倘若机械能量的作用力原本为生产对象而转为作用于生产者，将会造成人身伤害。机械能量来自于运动物体的动能（如运动的刀具）和下落物体的势能（如下落的锻锤），一旦作用于人体，将会致使肢体组织破裂、移位、粉碎或折断等。这是机械运动的直接表现形式，其对人体所造成的损伤是由运动体直接撞击处于相对静止状态的人体的结果。另一种表现形式是，一旦人体与电动机械的带电部位接触，电能将会转移到人的身体上，造成电烧灼或触电。此外，机械能转化成的高温热源也有直接接触人体，或高热液体飞溅到人体造成烫伤的可能。

2. 机械伤害的因素

机械伤害不外乎两大原因，一是机械的不安全状态，二是人的不安全因素。引起机械伤害事故往往是机械的因素与人的因素互为因果所致。其中：

（1）机械的不安全状态主要是机械本身存在缺陷，包括设计方面的缺陷、制造方面的缺陷、安全装置方面的缺陷、使用方面的缺陷、维修保养方面的缺陷等。

（2）人的不安全行为因素主要是操作者在使用机械时不严格执行操作规程，违章操作。主要表现为：作业前忽视对机械设备和作业环境的检查；不按规定配用安全防护装置或穿戴防护用品；安全防护装置装配调整错误或受到损坏；机械的使用方法不正确或不适当；超机械设计性能指标极限使用；安全操作能力低下；图省事、找窍门、走捷径，省略或改变工作程序；操作中注意力不集中；作业环境差、不予控制，对操作者造成影响；长时间、超体能工作，身体状态欠佳、精神疲倦；不能及时发现机械异常，使其带故障运行；在机械运转中进行检修或维护等。

3. 机械伤害的预防

按照GB 5083－1999《生产设备安全卫生设计总则》、GB 12265－1990《机械防护安全距离》、GB 8196－2003《机械设备防护罩安全标准》、《国家电网公司电力安全生产工器具管理规定》及其他有关规定和要求，在电力安全工器具（包括机械设备）的购置、验收、保管、配置、发放、使用、试验、检查、报废全过程实施管理和控制。机械伤害事故的预防措施主要有：

（1）机械设备上的各种安全防护装置及监测、指示、信号、报警、保险应完好齐全，不得使用安全防护装置不完善或失效的机械。

转动机械和传动装置的外露部分、电动机引出线和电缆头，应加装可靠的防护罩、防护盖或防护栏杆，并保证其装配正确、防护可靠。

工作人员穿合适的紧身防护服，扣紧袖口、掖扎好衣角（上衣扎在裤子里）、盘藏发髻（辫子收拢于帽子内），戴好防打击的护目镜方可工作，并且工作时要特别小心，不使衣服、擦拭材料被机械勾挂住。

（2）开动机械设备前，详细检查机械危险部位的防护装置是否安全可靠，并作机械润滑和空车试验。

操作转动机械设备时，严禁手扶工件或戴手套操作；工件及刀具装夹应可靠，防止脱离；保持工作地点清洁，工件（待加工和已加工）摆放整齐有序。

严禁戴手套或手缠抹布在裸露的转动部分（如齿轮、链条、钢绳、轴头、传送带等）进行清扫或做其他工作，不可将污物和费油混入机械冷却液中；严禁打开运转中转动设备的防护装置，或将手伸进防护遮栏内。

（3）严格执行设备的运行规程，防止机械设备超载运行。工作时严禁进行机械设备的润滑、清洁（清扫）、拆卸、修理等工作。机械运转时操作者不准离开。发现机械运转异常时应立即停车，请修理工检修。转动和传动机械等设备检修时必须切断电源，并采取可靠的防止转动、移动措施。检修后开机前重新进行安全防护装置的可靠性检查和空车试运行。

（4）搬移大型机具时要拆开搬运，装、卸车及转移时不准人货混装载移。

（5）放线和敷设电缆时应设专人统一指挥。放线盘具有可靠的防飞车制动措施。转移电缆时严禁用手扳动滑轮，以防挤压受伤。

严禁随意跨越机械设备的钢绳、传送带或站立在传送带上。

(6) 立、撤杆塔（构架）过程中，吊件垂直下方或钢丝绳受力内角侧严禁有人。立杆、修整杆坑时，应有防杆身倾斜、滚动的措施（如采用拉绳、叉杆等）。

放线、撤线和紧线时，人员不得站在或跨越受力牵引绳、导线的内角侧；不得站在展放的导、地线圈内，及牵引绳、架空线的垂直下方。

(7) 进行石坑、冻土坑打眼或打桩时，应不时地检查锤（锤头、锤把）和钎。扶钎人应在打锤人的侧面，打锤人不得戴手套。作业人员戴好安全帽，集中精力。

(8) 工作结束时，要关闭机械和电动机，将刀具、工件从工作部位退出，清理安放好所使用的工（夹、量）具，并仔细对其进行清擦和收存。

七、带电作业

1. 基本要求

通过人体的电流限制到1 mA以下；高压电场限制到人身安全和健康无害值内；作业人员培训合格上岗，作业时设专人监护；勘查现场，复杂高难作业编制操作方案和采取可靠的安全措施；在良好天气下方可作业；停用线路自动重合闸装置（或直流重启动装置）；作业人员与带电体保持不小于表6－3的安全距离。

表6－3　人体与带电体间的安全距离

电压等级（kV）	10	35	66	110
安全距离（m）	0.4	0.6	0.7	1.0

2. 绝缘杆、绝缘工具使用

人员处于低电位或中间电位并与带电体保持一定的安全距离的情况下，利用绝缘工具进行作业；绝缘杆、绝缘承力工具和绝缘绳索的有效长度不得小于表6－4的规定。

表6－4　绝缘工具最小有效绝缘长度

电压等级（kV）		10	35	66	110
有效长度（m）	绝缘操作杆	0.7	0.9	1.0	1.3
	绝缘承力工具、绝缘绳索	0.4	0.6	0.7	1.0

3. 低压带电作业

设专人监护，使用有绝缘柄的工具；在高、低压同杆架设的低压带电线路上工作时先检查与高压线的距离，并采取防止误碰高压带电设备的措施；上杆前先分清相线、地线，选好工作位置，断开导线时先相后地，搭接导线时先地后相，人体不得同时接触 2 根线头。

4. 带电作业工具保管

应用专用帆布袋包装；采用防碰撞和挤压隔离措施；防止污损和受潮；使用专用清洁、干燥、通风房间存放，控制房间温度，防止温差致使结露；专人建账保管，及时换新。

5. 带电作业工具试验

按周期进行电气性能和机械性能试验；机械性能试验的静负荷试验和动负荷试验均须合格；配电带电作业工具只做工频时间（1 min）试验，不做操作冲击试验。试验项目及标准按表 6－5 执行。

表 6－5　绝缘工具的试验项目及标准

额定电压（kV）		10	35	63	110
试验长度（m）		0.4	0.6	0.7	1.0
1 min 工频耐压（kV）	出厂及型式试验	100	150	175	250
	预防性试验	45	95	175	220

试验周期：电气试验每 6 个月 1 次；绝缘工具机械试验每 12 个月 1 次；金属工具机械试验每 24 个月 1 次。

八、电气倒闸操作

1. 电气误操作事故分类

根据误操作性质和危害程度，电气误操作事故可分为恶性电气误操作事故和一般性电气误操作事故。

（1）恶性电气误操作，是指 3 kV 及以上发供电设备发生：带负荷拉（合）隔离开关；带地线（接地开关）合断路器（隔离开关）；带电挂接地线（合接地开关）。

（2）一般性电气误操作，主要是指：误（漏）拉合断路器，误（漏）投、退继电保护及安全自动装置功能（连片），误整定继电保护及安全自动装置定值；调度命令下达错误，错误安排运行方式，错误下达继电保护及自动装置投、退命令；误触碰继电保护及安全自动装置，误接线。

2. 电气误操作的危害

电气误操作将会造成严重后果，主要有：

（1）人员受到伤害。

（2）系统解列。

（3）大面积停电。

（4）设备损坏。

3. 电气误操作的因素

引发电气误操作事故的原因可归结为人员的行为违章和装置违章两类，其中人员的行为违章包括违章指挥和违章操作，有的电气误操作事故是由两种及以上原因同时存在所致。

（1）违章指挥方面的电气误操作，是指有关领导（管理人员）、工作负责人、操作监护人、调度员违规下达错误指令或监护失职而引发电气误操作。其主要表现有：错误引导操作人填写不正确或漏项的操作票，或违章安排非亲自制票人操作，对错误操作票未全面细致审核；操作中下达（穿插）口头错误操作项指令；调度误下达操作指令或强令操作人员改变事先编排好的操作顺序；错误引领或不认真监护跟随操作人走错间隔，不进行“四对照”核对设备便盲目操作；指令操作组调用历史票或凭经验无票操作；不严格执行防误操作管理规定，在不认真查找原因的情况下指使或允许解锁操作；不认真编写、审核现场运行规程，使得继电保护及安全自动装置功能（连片）与运行方式不相适应。

（2）违章操作方面的电气误操作，是指操作人员违反规程，随意（擅自）操作造成电气误操作。其主要表现有：不认真填写和检查操作票，操作顺序错误或漏项；操作人非亲自制票，盲目使用他人所填写的操作票或调用历史票；不使用操作票，凭记忆冒险操作；对操作指令不认真思考判断，理解错误、盲目执行或随意操作；对监护人、调度员等不严格执行防误操作管理规定和安全规程的违章指挥行为不予拒绝，盲目服从；不按“四对照”要求核对设备（名称、编号、位置、拉合方向），走错位置错误操作；逐项令操作票不与调度联系，擅自超前操作或增减操作项，事后也不向调度汇报；

未操作项提前打挑（√）或数项操作一起打挑（√）以致漏项，又不全面认真核对；对已接引的新一次设备状态心中无数，或继电保护及安全自动装置与运行方式的适应性不清楚，侥幸操作。

（3）装置违章方面的电气误操作，是指操作的电气装置或防误操作闭锁装置存在缺陷性隐患，使得操作失灵、闭锁功能失效导致的电气误操作。其主要表现有：接地线夹嘴制造不合格，加紧度不够、接触不良、容易脱落；闭锁机构（卡盘、连杆等）制造或维护质量不良，操作不到位、闭锁失效；防误操作闭锁装置未安装使用，或管理不善使其失去闭锁作用；接地线管理不严，无编号、重号、编号不清，接地线桩编码错误，导致误拆或误挂；设备存在缺陷（如内拉杆断裂，位置指示器指示错误）、程序操作先后动作程序设计错误、控制回路失灵，导致设备误动作；接地网不合格，发生反击放电。

4. 电气误操作事故预防措施

（1）全面落实《国家电网公司电力安全工作规程》（国家电网企管〔2013〕1650号）、《防止电气误操作装置管理规定》（国家电网生〔2003〕243号）、《国家电网公司十八项电网重大反事故措施（修订版）》（国家电网生〔2012〕352号）及其他有关要求。

（2）切实落实防误操作工作责任制，自上而下建立完善防误管理体系，设置防误专责人、明确防误操作闭锁装置的运行维护、检修试验、管理责任；将包括地调端集控型防误操作闭锁系统在内的防误操作闭锁装置的检修、维护纳入现场检修规程，与主设备统一管理；加强防误操作闭锁装置的运行维护和检修试验工作，按检修试验和维护周期定期检验维护，确保其处于良好使用状态。

（3）完善防误操作闭锁装置及功能，闭锁逻辑满足各种运行方式要求；制定完善防误操作闭锁装置运行管理规程及检修规程，加强运维、运检、调控、自动化人员的专业培训；严格执行操作票、工作票和本省（区）操作票实施细则，开展好电气倒闸操作标准化工作。

（4）严禁无票操作和调用历史票，应由操作人亲自填写操作票，特殊情况（如操作计划延期改由下一班组操作，操作人来不及亲自填写操作票时）操作人必须认真仔细核对别人填写的操作票。

（5）严格执行调度操作指令，关键操作顺序要事先与下令人核实沟通清楚，取得一致，严格执行；不允许任何一方擅自改变操作顺序和跳项操作，操作中发生疑问时应立即停止操作，并向发令人报告。

（6）大型复杂操作应由熟悉的运行人员操作，增设操作监护人，加强操作监护。

（7）正式操作前必须进行模拟预演，正确无误并履行批准手续后方允许正式操作；操作准备必须充分，包括系统模拟图与现场实际一致性的核对、操作安全工器具的准备及检查，专题工作会议、危险点分析及预控措施的制定等。

（8）特别严格对接地线（接地刀闸）的管理，调度和运行班组要制定接地线管控措施，操作中予以确认，并记入交接班记录。

（9）防误操作闭锁装置不得随意退出运行，因故经主管生产领导（总工程师）批准短时退出运行时，须制定和落实相应的防误操作措施，加强操作监护，并报有关部门备案，尽快消除缺陷恢复运行。

（10）建立和严格执行解锁工具封存保管、审批使用制度，履行防误专责人现场确认手续。

第三节　配电网主要设备安全防护

一、配电装置安全防护

配电装置用来接受、分配和控制电能，可分为室内配电装置、室外配电装置、装配式配电装置、成套配电装置。配电装置在安全技术方面的基本要求是：符合有关技术规程要求，保证运行可靠，有足够的安全距离，运行安全，操作巡视和检修方便，便于安装和扩建。

110 kV 及以下室内外配电装置的最小安全净距应满足表6－7要求，当实际电压值超过表6－6、表6－7中本级额定电压时，室内、室外配电装置安全净距应采用高一级额定电压对应的安全净距离值。表6－4、表6－5中所对应的安全净距代表符号 A_1、A_2、B_1、B_2、C、D、E 如图6－1至图6－6所示。

表 6－6　110 kV 及以下室内配电装置的安全净距

符号	安全净距适用范围（mm）	电压等级（kV）								
		3	6	10	15	20	35	60	110J	110
A_1	带电体与接地部分间；网状板状遮栏向上延伸线 2.5 m 处与上方带电体间	70	100	125	150	180	300	550	850	950
A_2	不同相带电体间；断路器、隔离开关断口两侧带电体间	75	100	125	150	180	300	550	900	1 000
B_1	栅状遮栏与带电体间；交叉的不同时停电检修无遮栏带电体间	825	850	875	900	930	1 050	1 300	1 600	1 700
B_2	网状遮栏与带电体间	175	200	225	250	280	400	650	950	1 050
C	无遮栏裸导体与地面间	2 370	2 400	2 425	2 450	2 480	2 600	2 850	3 150	3 250
D	不同时停电的平行无遮栏裸导体间	1 875	1 900	1 925	1 950	1 980	2 100	2 350	2 650	2 750
E	室外出线套管与室外通道路面间	4 000	4 000	4 000	4 000	4 000	4 000	4 500	5 000	5 000

注：1. 表中“J”表示直接接地电网。
2. 网状遮栏至带电部分之间当为板状遮栏时，其 B_1 值可取 A_1+30 mm。
3. 通向室外的出线套管至室外通道的路面，当出线套管外侧为室外配电装置时，其至室外地面的距离不应小于表 6－2 中年列室外部分之 C 值。
4. 海拔超过 1000 m 时，A 值应参照图 6－2 修正。
5. 本表所列各值不适用于制造厂生产的成套配电装置。

表 6－7　110 kV 及以下室外配电装置的安全净距

符号	安全净距适用范围（mm）	电压等级（kV）								
		3	6	10	15	20	35	60	110 J	110
A_1	带电体与接地部分间；网状板状遮栏向上延伸线 2.5 m 处与上方带电体间	200	200	200	300	300	400	650	900	1000
A_2	不同相带电体间；断路器、隔离开关断口两侧带电体间	200	200	200	300	300	300	650	1 000	1 100

续表

符号	安全净距适用范围（mm）	电压等级（kV）								
		3	6	10	15	20	35	60	110 J	110
B_1	设备运输外轮廓与无遮栏带电体间；网状遮栏与带电体及绝缘体间：交叉的不同时停电检修无遮栏带电体间；带电作业时带电体与接地部分间	950	950	950	1 050	1 050	1 150	1 400	1 650	1 750
B_2	网状遮栏与带电体间	300	300	300	400	400	500	750	1 000	1 100
C	无遮栏裸导体与地面间；无遮栏导体与建筑物、构筑物顶部间	2 700	2 700	2 700	2 800	2 800	2 900	3 100	3 400	3 500
D	不同时停电的平行无遮栏裸导体间；带电体与建筑物、构筑物边缘间	2 200	2 200	2 200	2 300	2 300	2 400	2 600	2 900	3 000

注 1. 表中“J”表示直接接地系统。

2. 带电作业时的带电部分至接地部分之间（110J）带电作业时，不同相或交叉的不同回路带电部分之间，其 B_1 值可取 A_2+750 mm。

3. 海拔超过 1 000 m 时，A 值应按图 6－6 进行修正。

4. 本表不适用于制造厂生产的成套配电装置。

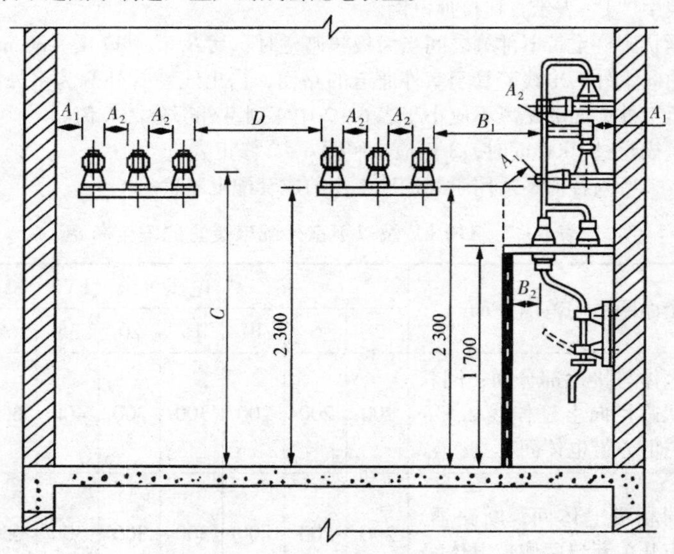

图 6－1　室内 A_1、A_2、B_1、B_2、C、D 校验值

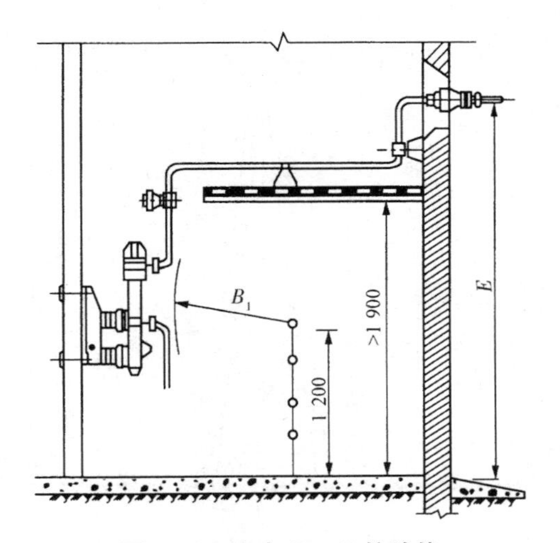

图 6－2　室内 B_1、E 校验值

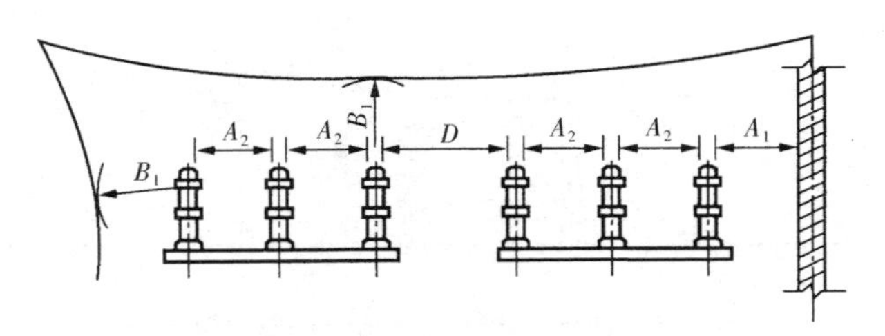

图 6－3　室外 A_1、A_2、B_1、D 校验值

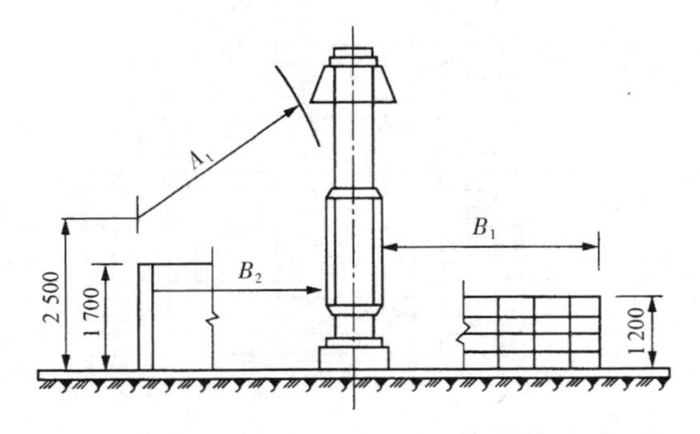

图 6－4　室外 A_1、B_1、B_2、C、D 值校验（一）

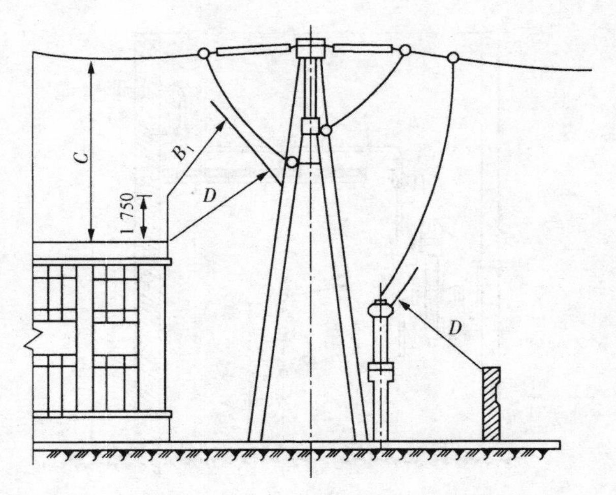

图 6－4　室外 A_1、B_1、B_2、C、D 值校验（二）

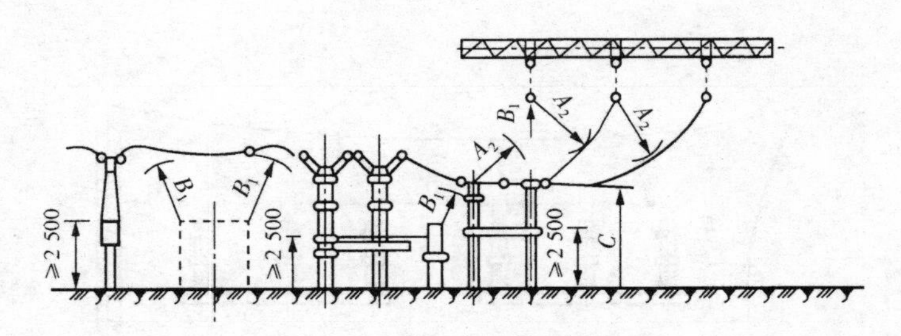

图 6－5　室外 A_2、B_1、C 校验值

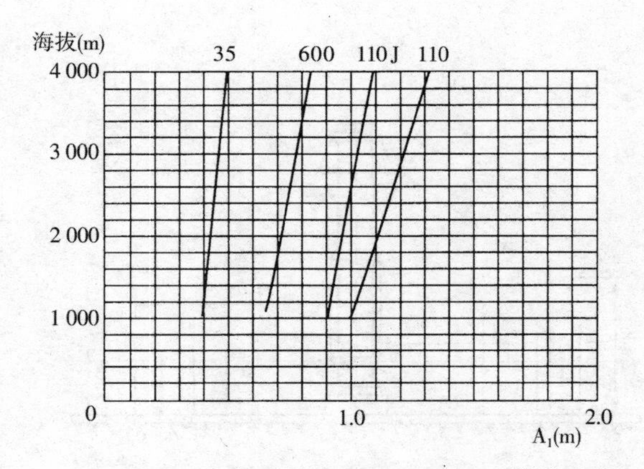

图 6－6　海拔大于 1000 m 时，A 的校验值

二、配电变压器安全防护

配电变压器是根据电磁感应定律变换交流电压和电流而传输交流电能的一种静止电器。能将电压从 6 ~ 10 kV（20 kV）降至 0. 4 kV 输入至用户。

10 kV 配电网一般采用三相三线中性点不接地系统运行方式。用户变压器一般选用 D，yn11 接线方式的中性点直接接地系统运行方式，低压侧可实现三相四线制供电（井下变压器或向井下供电的变压器禁止中性点直接接地）。

1. 构造

配电变压器大多为油绝缘变压器，由主件线圈、油箱和铁芯以及辅件无载调压开关、瓷套管、油标、呼吸器、油枕等组成。

配电变压器的主要技术参数包括：额定容量、额定电压、额定电流、额定频率、空载电流、空载损耗、短路电压，联结组别及型式。

2. 保护

配电变压器保护比较简单，主要有过流保护和过电压保护。过流保护主要分为跌落式开关保护、负荷开关和熔断器的组合电器保护、低压熔断器和断路器保护。过电压保护主要包括高、低压侧避雷器和接地装置。

3. 防变压器烧损

为防止配电变压器烧损，需要注意以下方面：

（1）合理选择配电变压器的安装地点。

（2）合理选择配电变压器的容量。

（3）加强用电负荷的测量。

（4）谨慎安装使用低压计量箱。

（5）合理配置配电变压器高、低压熔断器熔体。

（6）不宜私自调节分接开关。

（7）在高、低压侧加装避雷器，根据环境情况加装绝缘罩。

（8）定期测量配电变压器接地电阻（100 kVA 及以下不大于 10 Ω，100 kVA 以上不大于 4 Ω）。

（9）加强日常巡视防护管理。

（10）定期检查配电变压器低压引线。

4. 防触电

为防止配电变压器触电事故的发生，需要注意以下方面：

（1）设置防护栏及警示标志。

（2）安装带电监测装置。

（3）配置漏电保护器。

（4）安装低压反向开关，防止反送电。

（5）严格遵守安全规程，做好防触电安全技术措施。

5. 维修安全

配电变压器维修作业相对较为频繁，作业安全容易被忽视，为切实保证检修作业安全，需要按照以下方面的要求进行：

（1）进行维修前必须将其上一级电源开关分闸断电，并悬挂停电标志牌。然后用验电器（验电笔）检查确认被维修装置已断电，可靠接地后方可进行维修。

（2）维修时，必须 2 人在场，一人维修，一人监护。

（3）维修人员必须是熟悉配电装置的专业电工，经过《国家电网公司电力安全工作规程》考试合格，体检合格。

（4）维修人员必须佩带安全防护用品，使用电工绝缘工具。

（5）更换电器必须与原规格一致，禁止使用不合格的代用品。

（6）维修时，不得随意改变原配电装置接线，不得随意拆除原配开关电器。

（7）维修结束时，应拆除接地线，摘除上级电源开关的停电标志牌，远离配电装置，然后由电源侧开始逐级合闸通电，用验电器确认电源接通后，再向下一级通电试验。

三、配电线路安全防护

配电线路是从降压变电站把电力送到配电变压器或将配电变压器的电力送到用电单位的用于分配电能的线路，可分为高压配电线路（10 kV 及以上）和低压配电线路（0.4 kV）。高压配电线路大致可分为架空线路和电缆线路两种类型。

1. 架空配电线路安全防护

架空配电线路主要由电杆（塔）、导线、横担、金具、绝缘子、避雷器、拉线、接地装置及基础，断路器或负荷开关、隔离开关，设备标识及其他附属设施等组成。其中，电杆根据不同需要选用直线、耐张、转角、终端、分支、跨越型式的杆（塔）；绝缘子除了绝缘性能外，主要考虑其机械强度和耐污水平；导线的材质（铝、铜）、截面积、型式（裸线、绝缘线），排列方式（三角、水平）是主要的技术参数；金具的选用根据不同作用（连接、接续、保护、拉线）具体选配；接地装置主要由接地极、接地引下线、接地线组成，要重视接地电阻数值及其年度测试和挖检工作。应加强配电线路基础、杆塔及导线的巡检安防，尤其是防外力破坏。

架空线路设计要考虑的因素主要是：气温、风暴、雷闪、雨雪、舞冰、洪水、污闪以及电磁环境干扰、交叉跨越、线路路径的地面净距和走廊净宽等问题。

架空配电线路的接地故障相对较为频繁，且金属性接地故障比例相对较小，往往会影响接地故障的选择和查找。10 kV 配电线路接地选线通常采用瞬间拉路方式，带零序保护的断路器（分段开关、分界开关）控制器可辅助接地选线；66 kV 及以上配电线路接地选线宜使用故障录波、行波测距、小波测距等接地选线和故障定位。

2. 电缆配电线路安全防护

电缆分为纸绝缘电缆、橡胶绝缘电缆、塑料绝缘电缆；导线分为铜芯线和铝芯线；护套分为铅护套和铝护套。在有火灾、爆炸危险的场所严禁使用铝芯电缆和铅包电缆，具有爆炸危险的场所和移动频繁的电气设备宜使用屏蔽橡套电缆，电缆的屏蔽层都需要接地。

电缆的敷设一般要选择合适的敷设路径，周围敷设环境特别要远离燃气、热力、有毒有害气体和液体管线。电缆的敷设方式分为直埋敷设、穿管敷设、电缆沟敷设、架空（沿墙）敷设、水下敷设等方式。

电缆线路常见的故障有短路、接地、断线故障或混合性故障。其中，相间短路故障多由外力破坏或制造质量等原因造成；接地故障主要由于电缆腐蚀、铅皮裂纹、绝缘干枯、接头工艺和材料质量等问题造成；断线故障则与受机械损伤、地形变化的影响或发生过短路等因素相关。

3. 配电线路的跨步电压触电的安全防护

配电线路触电除直接接触带电体外，主要是跨步电压触电，这种触电的特点是：

（1）当事人不知什么原因造成触电。

（2）施救人不能及时有效地进行触电急救和紧急救护，等到接地点自然断开触电者才脱离电源，甚至施救者因惊慌失措以致自己也遭触电。

造成这种触电的原因和防护重点如下：

（1）跌落式熔断器操作不当造成触电。

（2）操作人安全技术素质低，违章作业，不能正确处理单相接地突发事件导致触电。

（3）跌落式熔断器等线路设备装置不符合标准，设备验收、运行维护等工作不到位。

四、开关柜安全防护

开关柜可大体分为中置柜和环网柜两大类，两者的功用具有本质差别：中置柜主要用于终端用户控制，保护、计量等功能齐全；而环网柜主要用于电源的部分连接和负荷控制，一般保护比较简单，短路故障保护功能不完善。

中置型开关柜主要作用是进行开合、控制和保护用电设备。开关柜内的部件主要由断路器、隔离开关、负荷开关、操作机构、互感器，以及各种保护装置等组成。其分类方法很多，按断路器安装方式可以分为移开式开关柜和固定式开关柜；按柜体隔室结构可分为敞开式开关柜、半封闭式开关柜、金属封闭开关柜、金属封闭铠装式开关柜、箱式开关柜等；根据电压等级可分为高压开关柜、低压开关柜；根据其用途可分为进线柜、出线柜、计量柜、补偿柜（电容器柜）、转接柜、母线柜等。

1. 各类高压开关柜特点

电力系统自1993年提出“无油化改造”要求以来，多种型式的高压开关柜竞相面世，具有各自特点，其中真空绝缘开关柜逐渐成为主流。下面简述几种高压开关柜的特点：

（1）固定式开关柜。断路器固定安装，柜内装有隔离开关。柜内空间较宽敞、容易制造、安全性较差。

（2）移开式开关柜。断路器可随移开部件（手车）移出柜外，无单独的隔离开关。更换维修方便、节省隔离开关、结构紧凑、加工精度高。

（3）半封闭式开关柜。柜体正面、侧面封闭，柜体背面和母线不封闭，结构简单、安全性差。

（4）箱式开关柜。隔室数目较少或隔板防护等级低于 IP1X，母线被封闭，结构复杂些，安全性好些。

（5）间隔式开关柜。断路器及其两端相连的元件均有非金属厚板分隔的隔室，结构复杂，安全性更好些。

（6）铠装式开关柜。结构与间隔式相同，但隔板由接地金属板制成，安全性最好，结构更复杂。

（7）空气绝缘式开关柜。极间和极对地靠空气间隙绝缘，绝缘性能稳定，柜体体积较大。

（8）复合绝缘式开关柜。极间和极对地靠较小的空气间隙加固体绝缘材料绝缘，柜体体积小，但防凝性能不够可靠。

2. 高压开关柜的主要技术要求

（1）对相间及相对地的绝缘距离的要求。

（2）对防凝露的爬电距离的要求。

（3）对防护等级的要求。

（4）对五防联锁功能的要求。

（5）高压带电显示装置。

（6）主进线不允许停电的情况（特殊需求）。

（7）长期发热载流能力。

（8）母线接触面处理。

（9）动稳定性。

（10）对开关柜柜体之间的封隔要求。

（11）对电缆头安装的高度要求。

（12）应有降低内部故障措施。

3. 高压开关柜常见故障

（1）绝缘裕度不足、维护不良、机构螺钉松动可使断路器发生故障。应采取增加绝缘挡板、按规程定期维护甚至修改维护规程措施。

（2）误操作、接触不良或严重过热可使隔离开关、负荷开关、接地开关发生故障。应采取加联锁、修订规程，精心研磨触头，敷导电膏等措施。

（3）铁磁谐振可引起互感器故障。采用合理电路设计方式解决。

（4）设计、布置不当使得绝缘损坏引起电缆室故障。应合理布置、严控施工质量，避免电缆交叉，进行绝缘耐压试验。

（5）电化腐蚀、装配不当造成螺钉连接面或触头接触面部分故障。应使用防腐被层或导电膏，检查装配质量。

（6）联锁松动、部件损坏引起五防联锁失灵事故。要在维护和例行检查时进行试操作，找出原因更换部件。

（7）闪络引起设备放电事故。采取开设压力释放窗等措施。

4. 高压开关柜的“五防”

（1）高压开关柜内的真空断路器小车在试验位置合闸后，闭锁小车断路器进入工作位置，防止带负荷合闸。

（2）高压开关柜内的接地刀闸在合位时，闭锁小车断路器的合闸，防止带接地刀合闸。

（3）高压开关柜内的真空断路器在工作位置时，盘柜后门被接地刀上的机械闭锁，防止误入带电间隔。

（4）高压开关柜内的真空断路器在工作位置时，闭锁接地刀投入，防止带电合接地刀闸。

（5）高压开关柜内的真空断路器在工作位置合闸运行时，闭锁小车退出工作位置，防止带负荷拉刀闸。

5. 高压开关柜的操作

送电操作顺序：先装好后封板，再关好前下门；操作接地刀闸主轴并且使之分闸；用转运车（平台车）将处于分闸状态的手车推入柜内（试验位置）；把二次插头插到静插座上（“试验位置”指示器亮），关好前中门；用手柄将手车从“试验位置”推入到“工作位置”（“工作位置”指示器亮，“试验位置”指示器灭）；合闸手车断路器。

停电（检修）操作顺序：将手车断路器分闸；用手柄将分闸状态的手车断路器从“工作位置”退出到“试验位置”（“工作位置”指示器灭，“试验位置”指示器亮）；打开前中门；把二次插头拔出静插座（“试验位置”指示器灭）；用转运车将手车退出柜外；操作接地刀闸主轴并且使之合闸；打开后封板和前下门。

避雷器手车和TV手车可以在母线运行时直接拉出柜外。

6. 高压开关柜反送电防控

馈线柜反送电防护成套装置是一种用于开关柜防控检修作业人身触电的专用设备，成套装置主要由新型一次联动开关设备和二次控制设备构成，其中二次控制设备主要包括站端采控器、就地控保器及站端主机。站端采控器安装于开关柜的仪表柜面板上，采控器上的方式开关（把手）需要手动操作切换，使配电线路出口的断路隔离器在自动分闸后保持闭锁，对检修期间配电线路向站内高压开关柜内反送的危险电源实施有效防控。

7. 高压开关柜的防火和防爆

为防止某一开关柜出线闪络故障时，电弧烧毁本柜的同时还沿联通的母线通道燃烧过去，造成相接一串开关柜烧毁、全站瘫痪停电，开关柜柜体材质本身应具备一定的防火性能，并采用柜与柜之间分隔的措施，用接地金属板将每柜封隔。主母线则通过穿墙套管再连接起来，封闭开关柜的母线室设置有泄压通道，每个小室都设有防爆排气口，对室内巡视等人员起到保护作用。当用母线槽连接两柜时，须加装隔板和套管，当某柜出现柜内弧光短路故障，电弧移到母线室后不能随意纵向扩散，基本上局限于本柜内，降低对邻柜的影响。

8. 高压开关柜的防潮和防小动物

高压电缆引入柜内后进行防潮和防小动物封堵，防止地下电缆沟潮湿气体和小动物侵入柜内，柜内配装驱潮加热器，使柜内保持干燥，冬季低温下保持在允许温度下运行。

9. 高压开关柜的绝缘与接地

高压开关柜结构设计、元件安装位置、安全距离（净距）按规程规定执行，母线采用绝缘材料包住，提高绝缘能力，控制短路爆炸事故。设备基础与地网有效连接，开关柜柜体与设备基础槽钢做金属性有效连接。

10 kV室内高压开关柜各相导体间及对地的最小安全净距标准为：12 kV，125 mm。

五、环网柜

环网柜属于开关柜的一种，是为提高供电可靠性使用户可以从两个方向获得电源的环形供电方式。10 kV 配网因负载容量较小而通常采用负荷开关或负荷开关及熔断器组合电器保护。环网柜除了向本配电区供电外，其高压母线作为环型网络中的一部分，还要流过穿越电流向相邻配电区供电。与传统断路器为主元件的开关柜相比，环网柜具有占地小、免维护等优点。

环网柜按绝缘介质分类，一般分为空气绝缘、固体绝缘和 SF_6 气体绝缘三种类型，用于分合负荷电流、一定距离的线路充电电流、开断短路电流及变压器空载电流，起控制和保护作用。环网柜中的负荷开关除开断能力等常规技术指标外，最基本的安全技术性能是满足“三工位”要求，即切断负荷、隔离电路、可靠接地。

六、用户分界开关

1. 主要功能

用户分界开关可分为用户分界负荷开关和用户分界断路器。其中，用户分界负荷开关用于配电分支负荷线路的控制，其基本功能包括：

（1）自动切除分支线单相接地故障。

（2）与变电站线路保护及重合闸配合，实现分支线相间短路故障快速隔离，保证非故障部分恢复运行。

（3）依靠分支线局部停电、线路宝故障指示等信息，快速定位故障点；通过负荷监测通信，实现用户负荷远方监控。

由于用户分界负荷开关本身不能切除大的相间短路故障电流，分支线相间故障时靠变电站断路器跳闸线路失压及本身故障电流记忆分闸实施故障点隔离。所以，普通型负荷开关不予配置短路保护，需要开断短路电流的开关必须配置具有分断相间短路故障电流能力的断路器，称之为用户分界断路器。

2. 基本构成

用户分界开关包括开关本体、测控单元（FTU）、户外电压互感器三部分，构成架空线路馈线自动化柱上开关成套设备。

3. 技术性能

用户分界开关的基本技术性能主要是：

（1）全绝缘、全密封、免维护运行。

（2）具有弹簧储能、电磁操作机构，“手动/自动”操作及互为闭锁。

（3）具有“分”“合”“自动”及“手动”等标识，识别开关合、分闸位置。

（4）能自动化操控。

（5）具有专用接地端子。

（6）开关与电源变压器（TV）、控制器（FTU）配套，实现设备本身的智能控制，自动隔离线路故障区域，恢复正常区间送电。

七、分段开关

分段开关是一条配电线路主干线上的开关，通过分段开关可将线路分成若干段，减少停电损失。由于分段开关在一条线路上，所以当变电站开关停电时，无法通过分段开关进行负荷的转移供电。

为了尽可能减少停电的影响，采用将两条配电线路通过开关予以连接的方法，实现负荷之间的互相转供，这个用来连接两条配电线路的开关叫“联络开关”（或拉手开关）。线路通过联络开关拉手后，向停电线路及上级变电站开关柜反送电压，这在实现负荷转供的同时，也带来了反送电触电事故风险，需要采取可靠的反送电防护措施以免发生人身触电事故。

第四节　配电网谐波污染治理

一、公用电网谐波限制标准

1. 谐波特征

正弦波电压施加于线性无源网络组件上所呈现的电压和电流仍为同频的正弦波，但当正弦电压施加于非线性电路上时电流就变为非正弦波，非正弦电流在电网阻抗上产生压降，会使电压波形也变为非正弦波。另外，当非正弦电压施加在线性电路上时，电流也是非正弦波。非正弦波由若干个不同频率和幅值的高次谐波组成，具体可用傅里叶级数予以表述。各次谐波对电气设备、用电设备构成不同程度的破坏，如造成互感器谐振过电压损坏、电力电容器过电压烧损、用电设备不能工作或烧坏等。在配电网由谐波引发的法律和经济纠纷时有发生。

2. 公用电网谐波限值

为限制谐波电压和谐波电流对用电设备和电网本身造成的危害，世界许多国家都发布了限制电网谐波的国家标准，或由权威机构制定限制谐波的规定。基本原则是限制谐波源向电网注入谐波电流，把电网谐波电压控制在允许范围内，使电气设备和用电设备免受谐波干扰。

我国原水电部于1984年制定并发布了SD 126－1984《电力系统谐波管理暂行规定》，国家技术监督局于1993年又发布了中华人民共和国国家标准GB/T14549－1993《电能质量　公用电网谐波》。根据不同电压等级的公用电网规定了相应的允许电压谐波畸变率限值（见表6－8），及全部用户向公用电网公共连接点允许注入的谐波电流分量（方均根植）限值（见表6－9）。

表6－8　公用电网谐波电压（相电压）限值

电网标称电压（kV）	电压总谐波畸变率（%）	各次谐波电压含有率（%）	
		奇次	偶次
0.4	5.0	4.0	2.0
6～10	4.0	3.2	1.6
35～66	3.0	2.4	1.2
110	2.0	1.6	0.8

表6－9　注入公共连接点的谐波电流允许值

标准电压（kV）	基准短路容量（MVA）	谐波次数及谐波电流允许值（A）											
		2	3	4	5	6	7	8	9	10	11	12	13
0.4	10	78	62	39	62	26	44	19	21	16	28	13	24
6	100	43	34	21	34	14	24	11	11	8.5	16	7.1	13
10	100	26	20	13	20	8.5	15	6.4	6.8	5.1	93	43	7.9
35	250	15	12	7.7	12	5.1	8.8	3.8	4.1	3.1	5.6	2.6	4.7
66	500	16	13	8.1	13	5.4	93	4.1	4.3	3.3	5.9	2.7	5.0
110	750	12	9.6	6.0	9.6	4.0	6.8	3.0	3.2	2.4	4.3	2.0	3.7

二、谐波危害

1. 谐波的产生

引起波形畸变的谐波源多种多样，在电力的生产、传输、转换和使用等各个环节中都有可能会产生谐波。电网中的谐波一般主要来自于三个方面：

一是供电电源本身产生的谐波；二是输配电系统中的相关设备产生的谐波；三是用电设备产生的谐波。其中非线性用电设备产生的谐波占比最大。

发电设备具有直流分量，在源端即产生谐波分量，但在发电设备设计制造时通常采取完善可靠的限制措施，输出电压的谐波含量很小。

输配电系统中最主要的谐波源是电力变压器，变压器的磁化曲线和饱和点决定其必然存在直流分量，即高次谐波成分。其次，如直流换流站的整流/逆变装置等由功率开关器件控制的基于移相原理的补偿和自动装置，将会造成波形的不连续或形变，在输配电线路中形成谐波。输配电设备产生的谐波可在设计制造环节加以控制，一般不会造成严重后果。

用电设备产生的谐波最值得关注。随着现代工业、电气化铁路和人民生活水平的高速发展和提高，大量非线性用电设备得到广泛应用，产生大量谐波注入电网，使电能质量下降。如：晶闸管整流装置采用移相控制，从电网吸收缺角的正弦波却给电网留下另一部分缺角的正弦波，谐波成分占比很大；由于晶闸管整流器在电力机车、铝电解槽、充电装置、开关电源等方面的应用越加广泛，给电网造成大量谐波；工矿企业中的各种变频装置、电弧炉、电石炉等设备都是谐波源，且功率大、谐波成分复杂，对电网造成的谐波危害也越来越大；其他居民用电装置（如电视机、日光灯、电池充电器等）也会产生谐波，虽然这些用电设备功耗小但数量庞大，它们注入系统的谐波分量也不容忽视。用电设备本身的非线性对公用电网注入了大量谐波，而大多数用户本身只关心本身的利益，一方面要求电能质量高，另一方面追求生产效益大，超负荷生产现象难以控制，却对本企业所产生的谐波对公网污染漠不关心，因此限制谐波对公用电网的影响必须在设计、建设、运维环节加以严控。

2. 谐波的危害

当电力系统向非线性设备供电时，这些设备在传变、吸收系统电源基波能量的同时，又将部分基波能量转换为谐波能量反注入系统，使电力系统的正弦波形发生畸变，电能质量降低。这些谐波功率不仅会消耗系统和设备本身的无功功率储备而影响电网和电气设备的安全、经济运行，而且还会危及广大用户的正常用电和生产。比如：某铁合金厂谐波导致系统变电站电容器烧损；某铝厂谐波导致系统电容器爆炸、高压开关和主变压器烧坏，造成大面积停电；电气化铁路产生的负序电流和谐波电流引起某电网继电保护误动，致使京广线中断等。

谐波的危害主要表现在以下方面：

（1）通过电力电容器放大谐波导致其过载并损坏。

（2）增加旋转电动机损耗。

（3）增加输电线路损耗，缩短运行使用寿命。

（4）增加变压器损耗。

（5）造成继电保护装置、自动装置工作紊乱。

（6）引起电力测量误差。

（7）干扰通信线路、通信设备的正常工作。

（8）延缓熄弧，导致断路器因断弧困难而爆炸。

（9）影响互感器测量精度，使互感器因产生过电压而烧损。

（10）导致功率开关器件控制装置误动作等。

3. 谐波的治理

谐波的治理主要采取三种方式：一是受端治理；二是主动治理；三是被动治理。

（1）谐波的受端治理方式。所谓受端治理，即从受到谐波影响的设备或系统出发，提高它们的抗谐波干扰能力。受端治理可以通过在电网规划时选择合理的供电方式；对电力电容器组进行改造，避免电容器对谐波的放大；提高设备抗谐波干扰能力，改善谐波保护性能等手段来实现。采用受端治理方式能够改进设备性能，使其在谐波环境中能够正常工作。当然有一定的限度，谐波较大时设备仍将受到严重影响。

（2）谐波的主动治理方式。所谓主动治理，即从谐波源本身出发，使谐波源不产生谐波或降低谐波源产生的谐波。主动治理可以通过增加变流装置的相数或脉冲数；改变谐波源的配置或工作方式；采用多重化技术和脉宽调制 PWM 技术；设计或采用高功率因数变流器；进行谐波叠加注入等方式实现。但主动治理的成本较高，也会增加装置的复杂度，甚至还会增加设备的功率损耗。

（3）谐波的被动治理方式。所谓被动治理，即通过外加滤波器，阻碍谐波源产生的谐波注入电网或阻碍电力系统的谐波流入负载端。被动治理可以通过采用无源电力滤波器 PPF；采用有源电力滤波器 APF；以及采用 PPF 和 APF 的组合来实现。被动治理方式在吸收谐波的同时还可以进行无功补偿，运行维护也比较方便，具有较大的灵活性。

第五节　配电网安全防护要点

电网安全防护以《国家电网公司十八项电网重大反事故措施》（简称《十八项反错》）为总纲，与总纲紧密相关的配电网安全防护要点主要有以下 13 项：

（1）防止人身伤亡事故。

（2）防止电气误操作事故。

（3）防止变电站全停及重要客户停电事故。

（4）防止输（配）电线路事故。

（5）防止输变电设备污闪事故。

（6）防止串联电容器补偿装置和并联电容器装置事故。

（7）防止互感器损坏事故。

（8）防止 GIS、开关设备事故。

（9）防止电力电缆损坏事故。

（10）防止接地网和过电压事故。

（11）防止继电保护事故。

（12）防止电网调度自动化、电力通信网及信息系统事故。

（13）防止火灾事故和交通事故。

1. 防止人身伤亡事故

（1）加强各类作业风险管控，通过超期预控防范人身事故发生。

（2）加强作业人员培训，提高技术技能和风险辨识能力。

（3）加强对外包工程人员管理，堵住外来人员专业技能和安全技能相对薄弱环节的安全关口。

（4）加强安全工器具和安全设施管理，充分发挥其应有的安全作用。

（5）重视设计阶段的安全防护措施审查，从源头把好安全基础技术关。

（6）加强施工项目管理，针对复杂恶劣作业场景，梳理出关键风险点，采取有效防范措施。

（7）加强运行安全管理，提高岗位责任安全风险认识和辨识能力，通过思想意识防范人身事故。

2. 防止电气误操作事故

（1）加强防误操作管理，通过规程制度、标准流程体系建设，在管理和组织层面保证电气操作正确。

（2）完善防误操作技术措施，通过装备配置，在装置技术层面保证电气操作正确。

（3）加强对运行、检修人员防误操作培训，通过技能水平训练，在专业素质方面保证电气操作正确。

3. 防止变电站全停及重要客户停电事故

（1）防止变电站全停事故，通过设备技术管理、运行和检修过程管理，保证安全可靠运行。

（2）防止重要客户停电事故，通过措施的制定和实施，防止重要客户停电事故引发社会突发事件及次生灾害，维护社会公共安全。

4. 防止输（配）电线路事故（本书主要针对66 kV～110 kV主网配电线路和10 kV～35 kV配电线路）

（1）防止倒塔（倒杆）事故。在差异化设计选型选材、隐蔽工程监理验收、巡检维护防范预案等方面予以防护。

（2）防止断线事故。在设计选型和施工质量、导地线和接点运检维护方面予以防护。

（3）防止绝缘子和金具断裂事故，在拉伸载荷设计选型、安装检修工艺、运检监测和低零值绝缘子测换等方面予以防护。

（4）防止风偏闪络事故。在设计阶段考虑地域运行经验，在运行阶段注意隐患排查和故障后检查处理，保证导线绝缘水平。

（5）防止覆冰、舞动事故。做好环境治理、检查消缺、除冰融冰、技术改造等方面工作，提高抵抗覆冰、舞动能力。

（6）防止鸟害闪络事故。在设计、基建、运行阶段，通过结构、装置、人工干预措施和手段避免鸟害引发闪络。

（7）防止外力破坏。在设计、基建、运行阶段，通过技术配置、法规宣传、警示标示、障物清理等防范电力线路遭受外力破坏。

5. 防止输变电设备污闪事故

（1）根据污区分布进行绝缘配置，根据环境情况采取防污措施和选择设备类型，在绝缘子选型、招标、监造、验收及安装等环节实施全过程管理。

（2）运行阶段注意污级测定修订、低零值绝缘子检测更换，采取防污闪措施。

6. 防止串联电容器补偿装置和并联电容器装置事故

（1）防止串联电容器补偿装置事故：

①设计时进行仿真研究，其技术分析报告作为装置招标、采购、制造、安装、调试、运行、检修（含消缺）等环节的依据和参考。

②在基建和调试中，进行电网运行方式、系统稳定性等验证。

③运行维护注意操作程序控制，定期开展红外测温检测。

（2）防止并联电容器装置事故

①按技术标准选用断路器，进行必要的高压大电流老炼试验。交接和大修后进行真空断路器分合闸性能检测。

②控制电容器工作场强和容量，审查耐久老化试验报告，交接验收出厂局放试验数据，定期测量电容器电容量。

③控制熔断器选型、安装工艺，及时更换。

④根据系统谐波测试情况配置并联电抗器，注意选型、安装、试验。

⑤注意放电线圈的安装、运行监督、发现受潮及时更换。

⑥过压保护避雷器的选用充分考虑其通流容量，注意安装位置和接线方式。

⑦电容器成套装置、集合式电容器的保护计算方法和定值需厂家提供，根据电容器内部串并情况准确计算。

7. 防止互感器损坏事故

（1）防止各类油浸式互感器事故：

①设计时选用正压结构的金属膨胀器。电流互感器考虑动热稳定性能和

短路容量问题；电容式电压互感器的中间变压器高压侧不装设MOA（金属氧化物避雷器）。

②基建时注意出厂试验局放时间、谐振试验。运输过程符合厂家要求。电磁式电压互感器交接试验和投运时进行空载电流试验。注意电流互感器一、二次端子接触牢固问题。直流电阻的交接测试值、出厂值、设计值应无明显差异。安装完长时间未带电的互感器投运前须例行试验。

③运行维护注意电流互感器一次端子接触良好、等电位连接牢固，端子间安全距离足够。注意检查膨胀器密封性、伞裙、油位、末屏接地、异音，及红外测温。定期校验电流互感器动热稳电流。事故抢修安装的互感器静放时间足够。

（2）防止SF_6电流互感器事故：

①设计时重视互感器的监造、验收，电容屏连接筒强度足够，检验绝缘支撑件的机械应力和电气绝缘性能。

②基建时注意局放、耐压等各项出厂试验，运输过程严控所充气压，并采取防内部构件振动异位措施。安装时密封检查合格方可充SF_6至额定压力，静放后进行微水测量。安装后进行现场老炼、耐压、局放试验。

③运行维护注意巡检气体密度、压力，补气较多时应进行工频耐压试验。新设备交接时或长期微渗的互感器应进行含水量测量，事故跳闸后进行气体分解产物检测。

8. 防止GIS、开关设备事故

（1）防止GIS（HGIS）、SF_6断路器事故：

①加强设计、制造选型、订货安装调试、验收及投运全过程管理，优选弹簧机构和液压机构。注意气室划分，绝缘杆、绝缘子等装配前的局放试验，断路器、隔离开关、接地开关机械操作出厂试验次数达到要求。注意密度继电器与本体的连接方式、母线避雷器和电压互感器设置独立隔离开关（断口）。选型结构考虑环境因素，布置设计考虑运维巡检、操作、检修等工作需要因素。

②基建、安装须采取防尘措施，注意抽真空工艺、导体插接良好性检查，进行耐压（局放、冲击耐压）检测，二次回路防跳、非全相传动，合闸电阻

检测试验及其他例行试验。按要求进行出厂、交接及例行试验。SF_6 气体须送交质监抽检，注入后须进行湿度试验。

③运行中加强局放检测，定期检查绝缘拉杆。液压机构失压处理采取防慢分措施，液压机构注意油质变化。大修时注意液压（气动）断路器机构分、合闸阀检查。弹簧断路器定期进行机械特性试验，加强操动机构维护检查。注意辅助开关触点腐蚀、松动、转切灵活可靠性检查维护。

（2）防止敞开式隔离开关、接地开关事故：

①设计、制造须符合有关完善化技术要求，隔离开关必须配有可靠的机械闭锁，每台隔离开关电动机电源须独立设置。

②基建时进行法兰防水密封处理，新安装或检修后须进行导电回路电阻测试，手动操作力矩满足相关技术要求。

③运行中加强导电部分、转动部分、操动机构、绝缘子等检查，防机械卡涩、接头过热、绝缘子断裂等事故。注意 GW6 隔离开关的机构蜗轮、蜗杆啮合检查，拐臂过死点调整，平衡弹簧张力检查。巡检隔离开关、母线支柱绝缘子及法兰裂纹、电晕异常（夜巡），法兰防水层完好情况，定期红外测温。倒闸操作监视动作灵活情况，卡滞时严禁强行操作。

（3）防止开关柜事故：

①设计、施工优选 LSC2 类（具有运行连续性功能）、“五防”、IAC 级（内部故障级别）产品。用于投切电容器的开关柜须配有投切电容器试验报告，且断路器必须为 C2 级。开关柜内一次接线符合国家电网公司通用设计要求。柜内绝缘件采用阻燃绝缘材料，配置通风、防潮除湿装置，开关柜扩建须考虑一致性问题。柜中所有绝缘件装配前应进行局放检测。

②基建时注意一、二次电缆有效封堵，柜间、母线室间、本柜各功能小室间采取有效防火封堵隔离措施。高压开关柜检查泄压通道或压力释放阀装置，与设计图纸一致。

③运行中注意手车开关推入到位和保证隔离插头接触良好。每年迎峰度夏（冬）前开展超声波局放、暂态电压检测。加强开关柜温度检测分析、带电显示闭锁装置运维、巡检分析和状态评估工作（电容器等频繁操作的开关柜适当缩短巡检维护周期）。

9. 防止电力电缆损坏事故

（1）防止电缆绝缘击穿：

①设计按全寿命周期管理要求，综合考虑输送容量、运行环境、电缆路径、敷设方式等因素选择电缆及附件，通道避离热力和化学腐蚀介质管线。加强选型、订货、验收及投运全过程管理，注意屏蔽层、护层的过电压保护措施和接地，控制电缆接头数量，严禁在变电站电缆层、桥架、竖井等缆线密集区设接头。

②基建时注意重要线路电缆监造和出厂验收，严格到货验收和检验。运输过程防止机械损伤，施工过程严控牵引力、侧压力和转弯半径。施工期间做好防潮、防尘、防外力损伤措施，检测护层接地电阻和端子接触电阻，测量各相连接正确性。

③运行维护注意加强负荷和温度检（监）测，巡测附件、接地系统等关键点温度，接地端子、过压限制元件状况。开展电缆线路状态评价，及时检修异常和严重状态的电缆线。

（2）防止电缆火灾：

①设计基建必须严格执行防火设施与主体工程同时设计、同时施工、同时验收原则，禁止防火设施不合格投运。注意通道内电缆分层原则、阻燃电缆等级、其他缆线阻燃或隔离措施，电缆接头施工按工艺要求控制。在电缆通道内敷设电缆需运行部门许可和验收，及时进行孔洞防火封堵，恢复受损防火设施。隧道及竖井采取防火隔离、分段阻燃措施。

②运行维护注意在役接头防火隔离措施，变电站夹层内的在役接头应安排移除，保持通道、夹层整洁畅通无杂物。加强电缆通道邻近易燃、化学腐蚀性介质管道、容器监视，防止渗入电缆通道。在电缆通道、夹层内动火应办理动火工作票，使用临时电源应满足绝缘、防火、防潮措施。变电站夹层宜安装温感、烟感监视报警器，重要电缆隧道应安装温度在线监测装置。严格按规程规定巡检电缆夹层、通道防火状况，包括电缆和接头测温。

（3）防止外力破坏和设施被盗：

①设计基建注意双（多）路电源负载电缆的相离布置，按有关标准设计和施工电缆通道和线路，向运行部门提交竣工测绘图纸资料。直埋电缆沿线、水底电缆装设永久标识，电缆终端场站、隧道出入口、重要区域的工井井盖

应有安全防护措施。

②运行维护对电缆路径设置明显警示标志，易发生外力破坏、盗窃区段应采取可靠的防护措施并加强运行监视。工井正下方的电缆采取防坠物打击保护措施，监视电缆通道结构、土基和邻近建筑物的稳定性。敷设于公用通道中的电缆应制定专项管理措施，及时清理退运报废电缆。

（4）防止单芯电缆金属护层绝缘故障：

①设计基建注意电缆通道、夹层及管孔等的电缆弯曲半径要求，支架、金具、排管的机械强度符合设计和长期运行要求，对完整的金属护层接地系统（外护套、同轴电缆、接地电缆、接地箱、互联箱等）进行交接试验。

②运行维护注意重载和重要电缆线路温度变化蠕变的监视，严格按规程进行护层的接地系统运行状态检测试验，及接地电流、接点温度检测。电缆发生故障后应检查接地系统。及时排除运检发现的各种问题。

10. 防止接地网和过电压事故

（1）防止接地网事故：

①设计基建应依据有关要求对接地网进行改进和完善化设计和施工，注意接地装置的选材，新建工程对接地引下线进行远期热稳定电流考虑，扩建工程满足远期热稳定电流要求并校核前期投运的接地装置。注意变压器中性点接地引下线数量和主接地网格连接点的控制，确认预留设备、设施的接地引下线合格，特别是隐蔽工程监理和验收。严格控制施工质量和标准，对高土壤电阻率地区（场所）采取完善的均压和隔离措施，合格后方可投运。变电站控保室独立敷设二次等电位接地网并与主接地网紧密连接。

②运行中每年校核接地装置的热稳定容量，进行接地引下线导通检测和分析，定期通过开挖检查确定接地网的腐蚀（铜质材料除外），发现问题及时处理。

（2）防止雷电和过电压事故：

①设计时因地制宜进行防雷设计。敞开式变电站 110 kV（66 kV）进出线入口根据雷电活动强度、线路运行方式、雷电波入侵造成设备损坏等因素，加装金属氧化物避雷器；架空线路的防雷措施应按照线路在电网中的重要程度、线路走廊雷电活动强度、地形地貌及线路结构的不同进行差异化防雷配置。

②高土壤电阻率地段，采取增加接地体、接地带，改变接地形式，换土，加装接地模块等有效措施。

③加强避雷线运维工作，定期检查避雷线与杆塔接地连接的可靠性，严禁在避雷针、变电站架构、带避雷线的杆塔上搭挂其他线物（低压线、通信线、广播线、电视天线等）。

（3）防止变压器过电压事故：

①操作投切有效接地系统（110 kV及以上）中性点不接地的空载变压器时应先将中性点临时接地。不接地变压器的中性点采用棒间隙和避雷器保护并校核间隙距离及与避雷器参数的配合，间隙动作后进行烧损情况检查并校核间隙距离。

②变压器低压侧要装设避雷器保护。

（4）防止谐振过电压事故：

①通过运行方式和操作方式控制，防止110 kV（及以上）断路器断口均压电容与电磁式母线电压互感器发生谐振，新建、改造应采用电容式电压互感器。

②选用励磁特性饱和点高的电压互感器，采取在其中性点串接消谐电阻、在零序电压互感器或开口三角绕组加阻尼等措施限制互感器铁磁谐振。

③10 kV及以下用户电压互感器中性点不应接地。

（5）防止弧光接地过电压事故：

①对于6～35 kV（66 kV）中性点不接地系统，应定期进行电容电流测试和进行手动调谐装置的调谐试验，并根据测试和试验结果采取有效补偿措施。对于自动调谐装置，则应根据实测电容电流对其调谐准确性进行校核（对照厂家试验报告）。

②不接地和谐振接地系统发生单相接地故障时，应尽快消除故障和采取有效措施降低弧光接地过电压风险。

（6）防止无间隙金属氧化物避雷器事故：

①金属氧化物避雷器必须在运行中进行带电试验。

②严格遵守避雷器交流泄漏电流测试周期，雷雨季节前后各测一次，测试数据包括全电流及阻性电流。110 kV（66 kV）及以上避雷器安装泄漏电流在线监测仪，并按巡视周期巡视、记录和分析。

11. 防止继电保护事故

（1）继电保护的规划设计：

①电网规划建设设计时，应充分考虑继电保护的适应性和其对电网的保护性能，装置配置和选型应为技术成熟、性能可靠、质量优良的产品，并须经继电保护管理部门同意。

②保护配置及电流互感器二次绕组分配应考虑动作死区。变压器、电抗器非电量保护应同时作用于断路器的两个跳闸线圈，设置独立的电源回路。变压器高压侧设置长延时后备保护，防跳继电器动作时间与断路器动作时间配合。

③主设备非电量保护应防水、防振、防油渗漏、密封性好，气体继电器电缆不经中间转接端子盒。

④互感器选择配置按有关要求执行，差动保护用电流互感器优选高饱和特性产品，各侧特性宜一致。根据系统短路容量选配电流互感器的容量、变比和特性。

⑤除母线保护外，不同间隔设备的保护功能不应集成。

⑥智能变电站保护遵循“直接采样、直接跳闸”“独立分散”“就地化布置”原则，设计、基建、改造、验收、运行、检修部门按职责界面分工把关。

（2）继电保护的基建调试和验收：

①从保证设计、调试、验收质量方面，切合实际安排工期，不得为赶进度降低调试质量。

②提前提供继电保护所需图纸资料，按规程规定标准从严从细验收，不符合质量要求不得投入运行。

③按照保护装置配置和实际接线，全面精心编制继电保护现场运行规程，特别是对各种运行方式下保护连片的投退对应关系要作出明确说明，并做好交接培训工作。

（3）继电保护的运行管理：

①严格执行现场标准化作业指导书，防止继电保护“三误”（误触碰、误整定、误接线）事故。

②配备足够的备品备件，注意微机保护电源模件运行工况和寿命周期。

③加强微机保护装置程序版本管理，未经主管部门认可的版本不得投运。

程序、二次回路变更须经保护管理部门同意，并及时修订有关图纸资料和现场规程。

④建立完善和加强继电保护故障信息和故障录波器系统管理，做好有关安全防护。

⑤所有差动保护在投运前，必须进行相回路、差回路负荷电流测量，和中性线的不平衡电流测量。

⑥无母差保护运行期间，严格限制变电站母线侧隔离开关的倒闸操作。

⑦加强继电保护装置运行维护工作。按周期、项目保质保量进行检验。

⑧与通信专业密切配合，在继电保护回路工作须遵守继电保护有关规定。

⑨针对电网运行工况，加强各自投装置管理。实施调控一体化操作时，应具备保护投退和定值变更验证机制。

⑩加强继电保护试验仪器、仪表管理，定期检测性能指标，保证仪器各功能和指标满足要求。

（4）继电保护的定值：

①保护灵敏度与选择性矛盾时，优选灵敏度。

②设置不经闭锁的线路后备保护。

③加强保护定值参数管理，保证保护定值整定准确。

④加强保护定值流程管理，做好整定计算、定值审核、审批、执行等各环节安全防护。

（5）继电保护二次回路：

①严格执行有关规程、规定及反措，防止二次寄生回路。

②采取有效防空间磁场对二次电缆及装置的干扰，微机保护二次电缆均须用屏蔽电缆。保护装置的电磁干扰防护水平、中间继电器动作范围、装置开入电源引出原则等按有关要求执行。重视二次回路接地问题，定期检查其可靠性和有效性。

③保护直流熔断器、自动开关配置及其性能满足保护装置本身和逐级配合等反措要求；交流电压回路熔断器、空气开关满足容量和上下级配合的要求。

④保护用直流系统波纹系数、运行电压等指标满足技术要求。运行中加强对直流系统的管理，防止直流系统故障造成电网事故。

（6）继电保护技术监督。在工程初步审查、设备选型、设计、安装、调试、验收、运行维护等阶段，均须实施继电保护的技术监督。按照依法监督、分级管理、专业归口的原则实行技术监督、报告责任制和目标考核制度。

12. 防止电网调度自动化、电力通信网及信息系统事故

（1）防止电网调度自动化系统事故：

①设计调度自动化系统采用冗余配置，二次系统安全防护满足“安全分区、网络专用、横向隔离、纵向认证”的原则；主站端配专用冗余配置的不间断电源；自动化设备必须通过国家级检测机构检测合格。

②基建调试和启动阶段须提前进行自动化系统调试，确保与一次设备同步投运。设备选型及接口符合专业有关要求，并经相关调度自动化管理部门同意。

③运行阶段注意建立基础数据“源端维护、全网共享”的一体化维护使用和考核机制。运维管理部门建立健全符合实际的管理办法和规章制度、运行规程、考核办法、工作标准等。制定落实应急预案和故障恢复措施，定期备份系统和运行数据。定期测试远动信息。

（2）防止电力通信网事故：

①规划设计和改造与电网发展相适应，满足各类业务需求。调度机构、集控中心、重要变电站应设两个及以上独立通信路由。集控中心、重要变电站通信光纤（电缆）采用不同路由入机房和主控室。防火和隔离措施、标识等符合要求，机房和设备防雷保护满足相关标准要求。

②配套通信项目随电网一次系统同步设计、同步实施、同步投运。施工、验收按专业标准保质保量进行，注意与继电保护和安全自动装置业务配合。设备电源独立配置，各级开关或熔断器按逐级配合原则配置。

③运行中加强监控，发挥通信调度在电力通信网的指挥作用。按相关规定要求检修通信设备和巡检，建立与一次线路建设、运维部门的工作联系制度。严格执行电视电话会议系统“一主两备”技术原则，制订切实可行的应急预案、运行规程。做好数据备份、病毒防范和安全防护。

（3）防止电网信息系统事故：

①设计开发依据国家信息安全等级要求进行定级评审，并报批。组织专项安全防护设计，形成方案，按安全等级保护要求和电力二次系统安全防护

要求开发，并做好保密措施。做好信息安全专项验收评审工作。

②建设阶段运维部门提前介入。信息内、外网经过逻辑隔离。加强信息内外部安全隔离，通过保密协议等方式保证信息安全。

③运行中按有关要求组织国家信息安全等级保护备案。严禁在信息内网设立与工作无关的网站。加强邮件系统统一管理和审计，严禁使用未经审计的信息内、外网邮件系统。严禁涉密存储设备与信息内、外网和其他公共信息网连接。信息系统和数据备份纳入公司统一的设备体系。

13. 防止火灾事故和交通事故

（1）防止火灾事故：

①加强防火组织管理，建立组织机构和队伍，定期进行培训演练，定期进行消防安全检查和火灾隐患排查治理。

②加强消防设施管理，设施完善，自动灭火和报警功能完善，符合消防有关法规要求，经常处于良好和投入状态。配备正压式空气呼吸器、防毒面具。检修现场具有完善的防火措施，严格遵循动火制度。蓄电池室、油罐室等照明、通风设备采用防爆型。地下变电站和无人值守变电站配备自动灭火报警装置。值班人员经专门培训，熟练操作，制定消防设施防误动、拒动措施。高层建筑（调度楼）严格执行防火制度和措施。加强电器电源管理、易燃易爆物品管理。

（2）防止交通事故：

①建立健全交通安全管理机构，电力生产用车安全按照交通有关要求执行。

②特殊车辆按照有关要求定期检测鉴定，驾驶员持相应资质证件上岗。

③恶劣天气巡视，抢险车辆车型、状况满足路况和工作需要。

第七章 配电网变电站配电设备安全防护

第一节　变电站配电装置安全防护措施

变电站配电装置相关安全防护主要包括防雷、防火、防误触碰、防误触电、防小动物、防毒害气体、防入盗侵害、防误操作等。

一、防雷措施

变电站配电装置含建筑物防雷措施针对雷击、静电和干扰，采取接地装置、防雷保护、防雷电感应、防干扰屏蔽等措施。避雷针设施标识要素具有含编号的名称，避雷器设备标识要素具有单元位置的名称。具有雷雨天气禁止室外操作、雷雨天气巡视高压设备要求等严格安防制度。

1. 防直击雷措施

变电站建筑物防直击雷的措施根据建筑物雷电防护等级、气象条件等确定，主要是装设独立避雷针、独立避雷线或独立避雷网，以及组成混合接闪器。

2. 防雷电感应

防雷电感应入侵的措施主要是将建筑物内设备、管道、架构、电缆金属外皮、钢屋架、钢窗等较大金属物和突出屋面的放散管、风管等金属物与防感应雷的接地装置进行有效连接，接地电阻等技术标准满足相应等级的建筑物防护要求。

3. 设置接地网

根据变电站结构类型和设备分布情况设置接地网，接地网接地体设计主要考虑土壤电阻率、土壤腐蚀等。室外型接地网可以通过开挖检测及改造等手段使其满足防雷保护技术标准要求，而室内型变电站接地网具有一次性特征，土壤的腐蚀性、接地电阻作为其设计的主要考虑内容，接地网采用耐腐蚀的铜质材料。

4. 防雷保护措施

防雷保护措施的策略有两种，一种是避免雷电波的侵入，一种是将雷电流引入接地网。避雷针、避雷线、避雷网的防雷作用机理是导引，使雷电流改变入地路径，对配电装置、建筑物起到保护作用；避雷器的作用是将侵入变电站的雷电波降低到电气装置绝缘强度允许值以内。浪涌电压控制器也称浪涌保护器或防雷器，能够吸收较高的雷电冲击电压，而对各种电气设备、仪器仪表、通信线路、电源回路等进行安全防护。

变电站电力电源系统过电压保护主要针对雷击过电压、操作过电压、弧光接地过电压和谐振过电压，过电压保护主要通过防雷装置、接地装置、消弧装置、电抗器、间隙放电等措施予以保护。

5. 防干抗屏蔽措施

在较为完善的直击雷防护系统的作用下，户外设备直接遭受雷击损坏的概率较低，但雷电位冲击感应所造成的局部反击将危及电气设备的绝缘，雷电流流经接地引下线入地时在周围空间产生强大的暂态电磁场，将使通信、测量、保护、控制电缆等产生暂态电压而影响其正常运行。可采取多分支引下线、改善屏蔽、改进泄流系统结构、在电源入口加装压敏电阻、在信号回路加装光耦、采用屏蔽控制电缆、屏蔽层共地、等电位屏护等防护措施。

微机保护采取屏蔽和接地相结合措施防干扰，具体为：分屏屏蔽、地母线汇流、专用网格屏蔽地网、室内屏蔽地网与室外地网连接等。

二、防火措施

变电站防火主要针对变压器本体、继电保护间、通信设备间、电缆室（夹层、沟道）等对象实施火情监控报警和消防。主要要求如下：

（1）变压器本体消防主要采用气体、泡沫、喷淋方式灭火，如排油注氮、二氧化碳、绝氧喷洒。排油注氮涉及与油路连接和阀门控制，存在一定的不安全因素，新建变电站不宜采用，老旧变电站宜改造更换，加强运行维护和监视管理工作；绝氧喷淋消防系统相对较为适宜。

（2）保护间、通信室、电缆室（夹层、沟道）等以火情监测报警为主，在室内和一次设备场地按标准配备足够数量的灭火器，消防沙箱、筒、锹、镐等工具，宜结合现场实际采用火灾自动报警装置。电缆间宜配备悬吊式干粉灭火弹，电缆夹层、沟道采用分段阻燃防火材料（如防火胶泥等）。

（3）安装有气体灭火、绝氧灭火的封闭设备间，须配置气体浓度监测报警仪，设置安全警示标识，配备设备间出入制度、现场规程、应急方案等。

（4）根据现场实际按照规程进行动火管控，保证焊接、焊割、烘烤、取暖、导线连接与用电安全。

三、防误触碰措施

按设备类型和安装型式设置防护遮栏、防护挡板、防护罩、安全锁、安全警戒线等防护装置，并设置安全标识。明确员工职责分工，规范工作行为，有针对性地开展技能培训。

四、防误触电措施

设置安全防护遮栏、防误闭锁、设置安全标识，电气设备采用双重名称，其设备编号由调度全局统编（不得重复）。

（1）在符合条件的电源进线间隔实施自动设置安全遮栏防护措施，实现安全遮栏伴随倒闸操作进程自动设撤。

（2）馈线柜安装反送电防护成套装置，实现设备检修方式识别，自动阻断隔离配电线向停电检修的开关柜反送电。

（3）建立调度、变电、配电专业整体协作关系，适于立体安全防护管控需要。

五、防小动物措施

1. 主要对象

变电站“防小动物”主要是指防鼠，老鼠对电力设备、设施的危害主要是：咬噬电缆、损坏电子设备、造成电气设备绝缘击穿短路，鼠洞破坏房基或外水倒灌设备间等。

2. 主要措施

变电站防鼠的主要措施：在设备间门口设置防鼠挡板，阻止其进入；在电缆引入处采用阻燃胶泥封堵，阻止其进入；在设备间、电缆间等投放鼠药灭鼠；在适当地点安装“电子猫”，依靠超声脉冲，使得老鼠等小动物受强烈刺激而远避。

六、防毒害气体措施

变电站的有毒有害气体主要有：断路器中的六氟化硫、灭火装置中的有毒气体（二氧化碳和氮气）。

1. 六氟化硫安全防护

对于六氟化硫的安全防护，主要采取安装六氟化硫气体浓度探测报警装置加排风机，设备间门口平时封锁，六氟化硫气体浓度达到报警浓度时予以报警，当有人员要进入设备间时报警装置语音提示；六氟化硫取样时使用专用气体采集设备，配六氟化硫气体回收装置，取样操作人员穿戴防护服、防毒面具，制定并遵循六氟化硫气体取样工作标准和管理制度，禁止尾气随意排放。

2. 灭火装置有毒气体安全防护

对于灭火装置所产生的毒气安全防护，主要采取安装气体浓度探测报警装置、排风机，配备防护服、防毒面具等措施，设置警示牌和逃生路线标识。

有毒有害气体瓶的储运，严格遵守有关制度，工作人员严格遵守《电力安全工作规程》等有关要求。

七、防入侵措施

变电站防入侵主要是防盗窃电力设备、破坏电力设施及触及高压设备伤亡。主要采取：变电站单一型安防报警系统；设备检修区与站所安防一体化装置；综合型变电站安防系统。

1. 单一型安防报警系统

通过安装探头（红外线、热源等）和报警主机对站所外围和关键部位实施入侵探测和警情报告，通常为孤岛方式运行，可以干接点形式向自动化系统提供遥信信号。

2. 设备检修区与站所安防一体化装置

该装置是安防系统的扩展应用，利用报警主机另配设备检修区安全警戒组合架及电子安全监护探测器、变组式安全警示标识、现场户外警号、夜间施工警示灯等，采用太阳能全无线方式探测和报警，通过与自动化系统通信及与视频监控系统配合，实现变电站安全防护和设备检修作业安全监护。

3. 综合型变电站安防系统

综合型变电站安防系统功能最为全面，主要包括：

（1）对变电站区域内场景情况进行远程监视、监听。

（2）进行门禁管理，对出入人员予以记录。

（3）了解视频监视站内变压器、断路器等重要设备运行状态，监视互感器、电缆接头、绝缘子等设备外观状态，隔离开关（接地开关）的分合状态，主要设备室环境情况。

（4）实现站内关键部位防火、防盗及周边环境异常报警联动。

采用自动化、计算机、网络通信、视频压缩、射频识别、智能控制等多种技术构成变电站综合安防系统，通过对变电站环境、图像、火灾报警、消防、照明、采暖通风、安防报警、门禁识别控制等在线监视和智能控制的“监测、预警、控制”手段，完成安全防护。增加设备检修区作业安全监护装备后，将检修作业的电子式安全监护融于上述综合型变电站安防系统。将火情、入侵信息以电话方式向安监保卫部门报警，其功能将更加完善。

系统模型结构分为三级，即省级、地区级、站端级，通过系统网络接口、WEB 浏览器进行信息传递，监控量包括环境、视频、火灾消防、采暖通风、照明、SF_6、防盗报警、门禁等，各相关分系统可实现联动，并可与自动化系统联动。

八、防误操作措施

通过采用防误操作闭锁装置、严控倒闸操作流程、完善设备标志、设置双重监护、到岗到位把关等措施，规范电气倒闸操作标准化行为，防止误操作事故。

电气倒闸操作要严格按照《国家电网公司电力安全工作规程》、省（市）电力公司操作票实施细则等有关要求执行，并认真做好“电气倒闸操作标准化”工作。

第二节　电气倒闸操作标准化

电气倒闸操作标准化主要包括以下方面的内容：做好倒闸操作基础工作；按照倒闸操作要求进行电气倒闸操作；遵循倒闸操作流程；开展操作质量评价。

一、电气倒闸操作基础工作

1. 技能培训

（1）培养运行人员执行规程不含糊、精确复制不走样、严格执行调度命令和操作票顺序等岗位基本素质，使倒闸操作人员自觉做到：熟悉一、二次设备工作原理和电气原理接线，掌握操作对象电气用途；熟练掌握操作方法、要领和技巧，清楚操作先后顺序和原则步骤，掌握安全工器具的使用方法；做好反事故演习和应急演练工作。

（2）根据变电站系统接线情况编写各种运行方式下的“典型操作票”，列入操作项的一、二次设备标志须齐全正确，包括命名、编号（符号）、分合闸指示、旋转方向、切换位置指示、设备相位（相色），交直流系统、控制箱、场地接线箱、继电保护屏的自动开关、把手、连接片、熔断器、按钮等。

（3）操作票内容与设备名称标识一一对应，需要确认的保护连接片采用黄色标识，出口跳闸连接片采用红色标识（对于旧有保护装置屏，应按要求更换；对于新保护装置屏，应直接配装标准颜色的保护连接片）。每年进行倒闸操作权限资格考试。

（4）具有具备模拟功能的一次系统模拟图（包括电子系统图形式），模拟图正确无误，图中的接线方式、设备顺位、电压等级、变压器和消弧线圈分接头位置、设备名称及编号须与实际完全相符，所显示的设备状态须与当时的运行状态一致。

2. 日常检查

检查维护倒闸操作所用的安全工器具、电话录音设备，保证其良好可用。定期检查维护防误闭锁装置，保证防误闭锁逻辑正确和所有闭锁点锁具良好可用。

3. 运行管理

当出现异常、特殊运行方式倒闸操作需要解锁操作时，由运维防误操作专责人到现场核实确认，经请示公司防误专责人同意后方可解锁，并报告当值调度员，现场核实负责人负责解锁后的操作监护。

4. 防误管理

若遇到危及人身、电网、设备安全等情况需要紧急解锁操作，可由运行当值值长下令使用解锁工具，报告当值调度员，记录使用原因、时间、使用人、批准人。

若电气倒闸操作时防误操作闭锁装置发生异常，应立即停止操作，及时报告值长，在确认操作无误后，先进行处理（运维人员无法处理的缺陷，应由检修人员处理，履行工作票制度和工作许可程序，确保处理过程的作业安全），无法修复时，按规定履行解锁程序，并做好记录。

二、电气倒闸操作要求

1. 变压器停送电

主变压器停、送电操作的关键点主要有：

（1）主变压器投入运行时一般从高压侧充电，即先合电源侧（或高压侧）断路器，再合负荷侧（或低压侧）断路器，停电操作顺序相反。

（2）直接接地系统主变压器停送电操作时应将中性点直接接地，相应变更中性点保护。

（3）按调度命令使用差动保护。

（4）主变压器充电前，投入冷却装置（指强迫油循环变压器）。

（5）按调度命令调节分接开关位置。

2. 线路停送电

线路停、送电操作的原则先后顺序如下：

（1）停电时首先断开断路器。

（2）检查核对断路器分闸正确。

（3）先拉负荷侧隔离开关，后拉电源侧隔离开关。

（4）送电时首先拉开接地开关，拆除接地线。

（5）检查断路器在开位。

（6）先合电源侧隔离开关，后合负荷侧隔离开关。

（7）合断路器。

（8）启用线路重合闸和相关备用电源自动投入装置。

两系统并列操作根据运行方式和调度指令确定“同期”检定方式。

小电流接地系统单相接地时，首先检查本站设备有无接地，对于双母线或分段母线，先判断故障所在母线。当拉路选线时，注意监视电压和接地信号变化。

3. 母线停电

母线停电性质分为“停电备用”和“停电检修”两种情况，具体操作要根据母线停电性质和母线接线情况确定原则顺序。

（1）单母线停电备用。单母线“停电备用”操作原则顺序关键项为：断开接于母线的所有断路器，先断负荷侧断路器，后断电源侧断路器。

（2）双母线（或分段）停电备用。双母线“停电备用”操作原则顺序关键项为：

①拉开母联（分段）断路器并检查回路电流为零。

②先拉开母联（分段）备用母线侧隔离开关。

③后拉开母联（分段）运行母线侧隔离开关。

④可不拉开母线电压互感器隔离开关，但应断开电压互感器二次控制开关（或取下二次熔断器）。

⑤可不拉开母线上的站用变隔离开关，但应拉开站用变低压侧控制开关。

（3）单母线停电检修。单母线“停电检修”操作原则顺序关键项为：

①断开接于母线的所有断路器，先断负荷侧断路器，后断电源侧断路器。

②先拉负荷侧隔离开关。

③后拉电源侧隔离开关。

（4）双母线（或分段）停电检修。双母线“停电检修”操作原则顺序关键项为：

①先合运行母线各路隔离开关。

②后拉停电母线各路隔离开关。

③检查母联（分段）断路器回路电流为零后拉母联断路器。

④先断母线电压互感器二次开关（熔断器），后拉一次隔离开关。

⑤先断接在母线上的站用变低压开关，后拉一次隔离开关。

⑥在母线上工作地点两端（对于长母线，应按照规程要求在母线上增设所需数量的接地点）验电、接地。

⑦将可能反送电的电压互感器、站用变两侧（验明无电后）接地。

4. 母线送电

母线送电操作的关键项须遵守以下原则顺序：

（1）拆除待送电范围内所有接地线、拉开接地开关。

（2）合上母线电压互感器一次隔离开关后，再合二次开关（熔断器）。

（3）合上站用变一次隔离开关后，再合二次开关（熔断器）。

（4）对于双母线，投入母联充电保护；对于单母线，先合电源侧隔离开关，后合负荷侧隔离开关。按调度令选用充电电源断路器和启用相应充电保护。

5. 倒母线

可采用“逐一单元倒换”或“全部单元倒换”之一方式进行。“逐一单元倒换”是合上某单元一组母线隔离开关后即拉开该单元另一组母线隔离开关；“全部单元倒换”是将所有单元一组母线隔离开关全部合上后再拉开所有单元另一组母线隔离开关。其中，“全部单元倒换”方式对预防“带负荷拉刀闸事故”安全防控的可靠性更有利。

倒母线的关键项目须遵守以下原则顺序：

（1）母差保护投“无选择”。

（2）检查两组母线确在并接运行状态。

（3）断开母联断路器，控制直流电源。

（4）检查电压切换回路工作正常。

（5）将有关保护装置电压方式开关等切至对应母线位置。

6. 旁路转代

旁路转代操作的关键项须遵循以下原则顺序：

（1）将旁路保护定值按被代元件定值使用（对于代主变压器，要考虑旁路母线充电定值）。

（2）检查旁路母线无异物后，合旁路单元主母线侧隔离开关（与被代元件同母线）、合旁路隔离开关、合旁路断路器给旁路母线充电。

（3）旁路母线充电良好后拉开旁路断路器。

（4）合被代元件旁路隔离开关。

（5）按继电保护现场规程停用被代元件保护，将可切换的保护切至作用于旁路断路器。

（6）合旁路断路器实施断路器并列并检查合闸良好、电流分配正常。

（7）拉开被代元件断路器。

（8）按继电保护现场规程切换电流互感器二次端子。

（9）先拉开被代元件“负荷”侧隔离开关，再拉开主母线侧隔离开关。

7. 电压互感器操作

电压互感器的操作要点应根据不同情形确定，主要有以下4种情形：

（1）电压互感器送电。先合一次侧、后合二次侧，最后启用相关电压保护。

（2）并列运行（双母线或分段母线）。先使得一次断路器并列，检查母联（或分段）断路器（隔离开关）均在合闸位置，然后方可进行二次侧并列。

（3）双母线制电压互感器之一停用：

①停用受电压影响可能误动作的保护。

②断开二次开关（熔断器）。

③断开一次隔离开关（熔断器）。

④根据作业需要，进行验电和装设接地线（包括二次接地）。

（4）非双母线制电压互感器停用。随母线一起停用，宜先断二次、后断一次。

8. 电力电容器操作

（1）电容器投入：

①确认母线带有负荷，停用失压会误动作的有关电压保护。

②检查断路器在分位，合上电容器隔离开关（先合母线侧、后合电容器侧）。

③合断路器。

④检查三相电流平衡。

注意：电容器投切间隔至少需要3 min，第一次充电若断路器跳闸，须5 min后方可再次投入；禁止空母线只带电容器充电运行。

（2）电容器退出：

①断开断路器。

②断开隔离开关（先断电容器侧隔离开关，后断母线侧隔离开关）。

③电容器可能来电侧三相验电，确认无电压。

④逐个对电容器放电。

⑤装设接地线。

三、电气倒闸操作程序

（一）电气倒闸操作程序主要环节及流程

1. 电气倒闸操作主要环节

电气倒闸操作的基本程序包括以下12个主要环节：

（1）受调度令。

（2）制操作票。

（3）审操作票。

（4）风险分析。

（5）模拟预演。

（6）核实确认。

（7）操作准备。

（8）监护操作。

（9）质量检查。

（10）核对系统。

（11）结束操作票。

（12）汇报调度。

2. 电气倒闸操作流程图

电气倒闸操作流程图如图7－1所示。

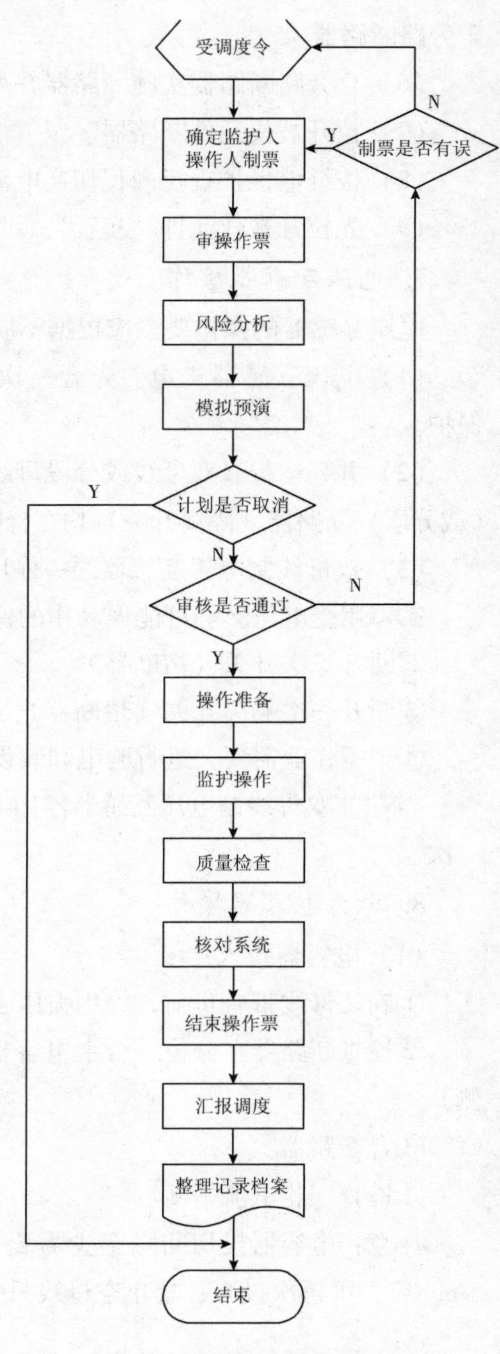

图7－1　电气倒闸操作流程图

（二）电气倒闸操作各环节主要内容

1. 受调度令

（1）在值长指挥下进行倒闸操作，严格执行调度命令。接受调度操作计划（预令）和正式操作命令（动令）时要录音，认真记录、复诵、核对、记时，记录内容主要包括：指令号、操作项、总体原则顺序、下令人、下令时间等。

（2）严格审核调度计划，发现疑问及时询问清楚。有不同观点提出后调度仍坚持时，要服从调度（若调度指令错误，可能出现误操作则予以拒绝，并向上级报告）。

（3）与调度联系应使用规范的调度术语和设备双重名称。

2. 制操作票

（1）对上值受理的操作计划要与当值调度认真核对，确认无误。

（2）值长根据人员精神状态、技能水平、操作任务等指定监护人和操作人，交代操作任务、原则顺序及有关注意事项。

（3）确定具体原则顺序要依据调度令，严禁调用历史票。受令人依据停电方案等审核操作命令的正确性。

（4）监护人、操作人根据调度计划或操作指令和值长安排，共同商定具体操作步骤，由操作人填写操作票。主要考虑的因素有：操作安全不出错；方式合理便于安全运行和事故处理；供电可靠；继电保护及自动装置可靠。

（5）填写操作票可参考“典型操作票”，首先检查核实模拟图必须与实际状态一致，有疑问时查明原因，正确确认或错误纠正。

（6）事故处理或拉合断路器的单一操作可不填写操作票，但须做好记录，事故处理应保存原始记录。事故处理完毕转入抢修则应使用正式操作票。

（7）每份操作票只能填写一个操作任务，下列项目必须填入操作票内：应拉合的设备；验电、检验是否确无（或确有）电压；装设接地线；装拆控制回路或电压互感器回路熔断器；投退切换或检查保护装置，检查表计等；拉合设备后的位置检查；进行停送电操作时在拉、合隔离开关（手车）前，检查断路器确在分位；倒负荷或并、解列操作前后，检查相关电源运行及负荷分配情况；设备检修后合闸送电前，检查送电范围内接地开关均已拉开，接地线均已拆除；母线充电前对充电母线进行检查；交、直流系统操作；防电压互感器、站用变二次反送电的操作；检查保护装置对应的母线隔离开关位置信号、母线保护切换开关、备自投切换开关、电压互感器二次联络开关等指示灯或显示屏。

宜填入操作票项的内容有：隔离开关电动机构电源开关；遥控方式“就地/远方”选择开关；遥控操作闭锁方式“运行/解锁”选择开关等。

（8）根据操作情况，应将有关电流、电压予以抄录，对于分相显示的要逐相抄录，具体为：拉合母联（或分段）断路器前后应抄录电流；空充母线时应抄录母线电压；旁路转代，拉合旁路断路器后应抄录电流；解、合环操作时，应抄录有关回路电流；主变压器投运时抄录变压器各侧电流；母线保护投入前检查回路电流。

（9）操作票应规范、格式统一，需要联系调度的操作项按顺序编写并加盖“联系调度”章，末项下一空白行顶格加盖“以下空白”章标记。关键字词应规范统一，如拉开/合上、装设/拆除、接通/断开等。装设、拆除接地线要写明确切地点和接地线编号。

（10）停电时先拉断路器后拉隔离开关（对于3/2接线，应先拉联络断路器，后拉回路断路器）；先拉负荷侧隔离开关后拉电源侧隔离开关；送电时先合隔离开关（先合电源侧，后合负荷侧）后合断路器（对于3/2接线，应先合回路断路器，后合联络断路器）。

（11）继电保护投退的基本原则步骤是：先接通保护功能连接片，后接通出口跳闸连接片；先断开出口跳闸连接片，后断开保护功能连接片；低频保护投入应先接通放电连接片，后接通出口跳闸连接片。

（12）检查项目应单列，主要有：拉合隔离开关前检查有关断路器的实际开合位置；倒闸操作需要开（合）的隔离开关，在操作前已处于开（合）位置的，应列项检查实际的开（合）位置；在操作地点看不见隔离开关实际开合位置的，在拉合操作后应列项检查实际开合位置；并解列（包括系统并解列、变压器并解列、双回线或环网并解列、用旁路断路器转代、倒母线）应检查负荷分配，并在该项末尾记录实际各相电流数值，母线电压互感器送电后检查三相表计指示（显示）正确；设备检修后，合闸送电前，检查送电范围内的接地开关确已拉开，接地线确已拆除；备用母线（含旁路母线）投入运行前，检查母线完好无异物，并首先用带有保护的断路器（如旁路断路器）对该母线试充电；旁路母线带线路时，旁路母线充电前检查全部单元旁路隔离开关（除旁路单元本身外）均在开位；双母线接线的母线隔离开关操作前，检查另一母线隔离开关开（合）位置；对于分相操作的接地开关（每相单列操作项），每组可列一总检查项，并注明 A 相 B 相 C 相确已拉开（在每相处打红色“√”标记）；倒母线时检查停电母线的所有隔离开关位置（可列一总项，须注明每一单元相应隔离开关双重名称）；切换保护电压后检查电压切换正常；在投母线保护前检查差流在要求范围内。

3. 审操作票

（1）操作票填完后要逐级审查，首先由操作人自查，再经监护人审核，最后交值长审批。对于大型复杂操作（全站送电、主变压器停送电、倒母线、旁路转代、新设备投运等），运行单位多层审批并参加预演和进行现场监护。

（2）非填票人不得进行操作，特殊情况下（如操作时间因故延后）前值人员填写的操作票由下值操作时，操作人必须认真细致逐项审查并预演，确认无误后由操作人、监护人、值长签字后执行。

（3）操作前因故必须变更原则操作步骤时，应先行取消作废原调度指令和操作计划，重新下达新的调度操作计划指令，重新履行受令、制票程序，确保不出现误操作。

4. 风险分析

（1）值长针对与操作任务有关的内容（如：操作任务、操作项目、技术要领、注意事项等）向监护人和操作人进行考问，监护人和操作人要互相考问。

（2）分析本次操作可能存在的危险点，落实控制措施。

（3）根据操作任务，必要时制定应急措施。

5. 模拟预演

（1）审查无误后的操作票正式操作前先在系统模拟图上进行预演，值长、第二监护人等应观看预演进行把关。

（2）操作人和监护人的每一项预演都要当作实际操作来对待，唱票和复诵声音要洪亮清晰，每预演一项操作“执行完毕”，监护人在操作票预演栏内打蓝色“√”标记。

（3）预演中若发现问题必须立即停止演习，处理问题并保证无误后方可继续。

（4）预演完毕无误后，操作人、监护人、值长分别在每页操作票上签字确认。大型复杂操作时运行单位有关人员审票确认签字，充当第二监护人。

（5）若调度正式操作命令同预令不一致或有变更时，要核查清楚，确认变更内容后要恢复系统模拟图与实际相符状态，将原操作票“作废”，注明作废原因。重新履行填票、审查、预演程序。

（6）由值长控制发放操作票，一个操作任务应由一组人员操作，监护人手中只准同时持有一份操作票。

6. 操作准备

（1）新设备投运、非典型操作、大型复杂操作前，值长组织召开操作准备会，根据操作任务、内容查找危险点，制定防控措施并落实责任人。

（2）操作人员应保持良好精神和身体状态，若状态不佳影响操作，值长应停止其工作。

（3）其他一般性操作由操作人与监护人明确临近带电部位、危险点，并制定相应措施。

（4）班站、运行单位操作质量监督评价小组成员做好评价准备工作。

7. 监护操作

（1）倒闸操作必须两人进行，大型复杂操作设第二监护人。

（2）操作人、监护人必须穿绝缘鞋、工作服，戴安全帽，操作人应戴绝缘手套（二次元件无法使用绝缘手套的可用线手套操作）。

（3）雨天操作室外设备时应使用防雨绝缘杆，穿绝缘靴。接地电阻不合格的变电站晴天操作也应穿绝缘靴。绝缘杆不许平放于地面上。

（4）雷电时一般不进行倒闸操作，禁止就地进行倒闸操作。

（5）单人值班的操作，根据发令人指令填写操作票和复诵无误。单人操作的设备、项目及人员须经设备运行管理单位审批，符合相应单人操作条件，操作人员资格考试合格。

（6）操作过程中，操作人始终处于监护人的视线之中。

（7）监护人自始至终对操作人予以人身监护，不得离开操作现场或进行其他工作。

（8）操作人的每一步操作都需要经监护人同意后方可进行，没有监护人的命令和监护，操作人不准擅自操作。

（9）操作中严格执行“监护复诵制度”，每执行一项均进行“四对照”，即对照设备名称、编号、位置和拉合（操作）方向。

（10）每到一个被操作设备前，监护人和操作人要首先核对设备名称、编号、位置和运行状态与操作票所列的顺序、内容是否相符。确认相符后方可进行操作；不一致时停止操作，弄清原委，汇报值长，确定下步工作。

（11）操作中若遇有异常、事故、缺陷时应立即停止操作，待处理后再继续操作，处理过程要加强监护，布置必要的安全措施。

（12）当操作中发生疑问时，立即停止操作，并向值班调度或值班负责人报告，弄清后没有问题方可继续操作。若继续操作将会导致人员伤亡、电网事故、设备损坏等事件，应停止操作，向调度或值班负责人说明情况。不准擅自更改操作票项目内容或改变操作顺序，不准随意解除闭锁装置。

（13）操作必须按操作票顺序依次进行，不得跳项、漏项、不得擅自更改操作顺序。在特殊情况（如系统方式改变）需要跳项操作或不需要的操作项目，必须有值班调度员的操作命令或运行负责人的许可、值长的批准，确认无误操作的可能方可进行操作，此时须加强监护。

（14）不需要的操作项目，要在操作票里该项目前盖“作废”小戳，并在备注栏内注明作废原因。

（15）操作中严禁穿插口头命令的操作项目。

（16）操作中应注意的问题：传动试验性操作要加强监护，严禁单人操作，传动后恢复到原始（检修）状态；倒闸操作必须使用防误钥匙，不得随意用解锁工具（万用钥匙）解锁；执行操作任务时严禁中途换人；若监护人有错误指导，操作人应拒绝并报告上级；凡是供运行人员操作、检查的一、二次设备（元件）均应使用双重名称，即名称及编号（符号）。

（17）进行操作时，监护人宣读操作项目，操作人复诵，声音洪亮、吐字清楚，监护人确认无误后发出操作指令（“对，可以操作”）后，操作人方可操作，完毕后回复（“执行完毕”），监护人核对操作无误后在操作票顺序栏空白格内打红色“√”标记，记录操作时间。严禁全部项目操作完一起打挑或提前打挑，严禁不按操作票而凭经验或记忆进行操作。

（18）隔离开关允许操作的条件是：电网无接地时拉合变压器中性点接地开关和电压互感器隔离开关；无雷电时拉合避雷器隔离开关；拉合 220 kV 及以下空母线；拉合与断路器（处于合好状态）并联的隔离开关；拉合励磁电流在 2 A 及以下的空载变压器、电抗器；拉合电容电流在 5 A 及以下的空载线路。支柱式隔离开关操作前须检查磁柱完好无裂纹。

（19）隔离开关操作需要注意的事项主要是：对于操作处能看见开合位置的，必须实际检查确已操作到位；不能直接看见开合位置的，要通过间接方法，如设备机械位置指示、电气指示、带电显示装置、仪表及各种遥测、遥信等信号的变化来判断。至少有两个非同原理或非同源的指示同时发生变化；隔离开关（接地开关）检修后验收应先进行手动传动，正确后进行电动传动，电动机电源开关正常应断开，操作前临时将其合上，操作后即断开。

（20）各种操作设备的操作标准按照具体设备操作技术规则和正确要领（有关规程和操作票实施细则）要求执行。

8. 质量检查

操作执行完毕后，操作人与监护人全面检查一遍，值长对关键项目进行现场核对检查。全部检查完毕确认无误后回传电脑钥匙信息，刷新模拟系统。在操作票上盖“已执行”章，向值长报告操作情况，上交操作票。

9. 汇报调度

（1）操作结束后监护人立即将操作情况向发令人汇报。单项指令应单项汇报，逐项指令应按发令人的要求汇报，综合指令可操作完毕一起汇报。

（2）全部操作完毕，值长或监护人检查无误后向调度（发令人）汇报操作令的执行情况，并收存操作票。

（3）整理操作记录簿、运行记录簿等。

四、电气倒闸操作质量评价

每次倒闸操作完毕，要认真进行操作质量评价，找出本次操作存在的问题和不足，制定改进措施，防范误操作事故。

评价标准依据上级统一要求结合本单位实际情况制定。其目的是总结经验、找出不足，防范误操作事故发生，提高标准化管理水平。

变电运行单位应做好反习惯性违章工作，保证电气倒闸操作无差错。

倒闸操作中的常见习惯性违章主要表现为：

（1）使用解锁工具不符合规定。

（2）与调度联系术语不规范。

（3）编制操作票时调用历史票。

（4）非填票人操作，且对他人所填操作票不做认真核查。

（5）不进行操作风险分析和落实防控措施。

（6）模拟预演不逐项复诵。

（7）雨天操作不穿绝缘靴，绝缘杆平放于地面。

（8）操作过程失去全程监护。

（9）一个监护人同时持有多份操作票。

（10）跳项、凭记忆操作。

（11）提前打挑、一起打挑。

（12）操作前（后）不进行（全面）检查，盲目操作（如：带接地线合闸送电）。

第三节 防误操作闭锁装置

一、防误闭锁类型

电气设备防误操作闭锁可分为机械闭锁、程序锁、电磁锁、电气闭锁、机械挂锁、自动化系统防误逻辑闭锁、微机防误装置七类，根据变电站电气设备结构和位置实际情况，一般同时采用两种及以上闭锁型式，实现完善的防误操作闭锁功能。微机防误闭锁装置与集控型微机防误闭锁系统配合构成通用防误操作闭锁系统。

二、防误闭锁原理

1. 机械闭锁

机械闭锁是在开关柜或户外隔离开关的操作部位之间，采用互相制约和联动的机械机构来达到先后动作顺序的闭锁要求。操作过程中不需要使用钥匙等辅助操作，可实现随操作顺序自动地解锁。

机械闭锁虽然可以实现自动闭锁，具备正向和反向的闭锁功能，且具有闭锁直观、不易损坏、检修工作量小、操作方便等优点。但是，由于机械闭锁只能在开关柜内部及户外隔离开关等的机械操动相关部位应用，无法实现电气元件之间的闭锁，满足不了整体防误操作需要，还需辅以其他闭锁方式达到全部防误闭锁要求。

2. 程序锁

程序锁（也称机械程序锁）是用钥匙随操作程序传递或置换而达到先后开锁的要求。程序锁靠钥匙传递，不受距离限制，与操作票中编排的行走路线一致，容易被操作人员所接受，但程序锁在使用中暴露出一些实际问题，目前程序锁逐渐被淘汰，程序锁暴露的问题主要有：

（1）简单的程序锁不具备横向闭锁功能，只能适于较为简单的接线方式。

（2）具有较灵活闭锁方式的程序锁虽能满足复杂的接线方式，但必须设置母线倒排锁，使得操作过程非常复杂，影响操作速度。

（3）利用控制台按钮控制隔离开关电动机转向的大型场所，程序锁无能为力。

（4）程序锁需要众多的程序钥匙，其生产工艺、材质差异、安装不规范等问题，致使程序锁锈蚀、卡涩，失去闭锁功能，设备改造增扩中配用麻烦。

（5）无法保证设备分、合两个位置的精度，安全可靠性差。

（6）程序锁必须从头开始使用，中间不能间断，一旦中途遇阻，将前功尽弃。

3. 电磁锁

电磁锁是靠通电产生的磁力打开锁销开锁，按电源类型可分为直流型和交流型，按安装位置可分为户内型和户外型，另有用于自动化变电站电气接地闭锁的专用型电磁锁。

电磁锁主要适用于户内高压开关设备的前后柜门，对需要闭锁的部位实现联锁，随着综合自动化变电站的建设发展需要，可在电磁锁内部增加辅助触点作为综合自动化的采样对象，避免走空程。电磁锁使用较为简单，但缺乏整体闭锁逻辑功能，且受室外环境影响，电磁锁仅用于个别设备部位的防误闭锁完善化使用。

4. 电气闭锁

电气闭锁是两个及以上关联的电气设备，通过其二次控制回路之间的逻辑关系对电气设备的分、合闸操作实施闭锁，属于软闭锁。电气闭锁方式对于操作比较方便，没有辅助工作项。但电气闭锁也存在一些突出问题，主要问题如下：

（1）电气闭锁一般为单元型闭锁型式，只有解锁功能没有反向闭锁功能，需要借助电气连锁电路实现正、反向闭锁功能。

（2）闭锁回路设计复杂，控制回路容易受潮而绝缘性能降低，增加直流系统的故障率。

（3）需要敷设电缆，安装时增加额外的地下施工量。

（4）辅助触点常常出现转换不到位、接触不良等情况而影响操作。

（5）对断路器的控制没有理想的闭锁措施。

5. 机械挂锁

机械挂锁是最为简单的闭锁方式，没有逻辑关系，表面上起到阻挡操作的作用，相当于“门禁”。因此严格来说，挂锁不具有实质意义的防误操作闭锁功能，主要用于通用型部位（如设备室、箱门、柜门、固定围栏、场地等）的进入开启控制，不能作为成套闭锁装置使用，在整个防误操作闭锁系统中仅起到补充完善的作用。

6. 自动化系统防误闭锁逻辑

综合自动化系统通过逻辑程序能够对断路器、隔离开关实施防误操作闭锁，也可以通过系统编程实现全站断路器与隔离开关的操作闭锁。但由于自动化系统没有现场设备受控点锁具，只能实现部分闭锁，柜门等无法控制，仅靠二次辅助触点实现“软”闭锁，既不完备也不可靠，权威性不强，不宜作为防误装置推广使用。

7. 微机防误操作闭锁装置

微机型防误操作闭锁装置（称五防系统）是以电脑图形软件和电脑钥匙

为核心设备的成套装置，根据变电站一次系统接线图和防误闭锁要求，对各种常规运行方式和特殊运行方式进行编程，形成闭锁规则。模拟预演时专家系统记录分析操作顺序，对于满足防误闭锁逻辑要求的模拟项予以通过，对于不满足防误闭锁逻辑要求的模拟项则拒绝通过并报警，模拟结束后防误系统通过适配器将操作程序传入电脑钥匙。实质上，模拟预演是将操作程序写入防误操作闭锁系统的过程，正式操作时操作人员使用载有正确操作程序的电脑钥匙进行实际操作，且操作中具有语音提示指导。

微机型防误操作的闭锁控制元件是各个操作处的各类型锁具，每个锁具都有各自的编码，通过对被操作设备的不同位置（闭锁点）的锁具编码识别容易实现防空程，配置“地线管理”程序对地线进行管理，误操作事故得以很好地防控。与其他闭锁装置相比，微机型防误操作闭锁装置具有智能化程度较高、闭锁逻辑更加严密灵活的系统软件，目前作为变电站防误操作的主要工具被广泛采用。但其成本相对较高，可能存在锁具安装错位现象，锁具需要定期进行开启试验。

微机型防误操作闭锁装置与集控型防误操作闭锁设备联合使用，可实现“远方遥控”和“就地操作”防误闭锁。

五防系统工作原理是倒闸操作时先在防误主机上模拟预演操作，防误主机根据预先储存的防误闭锁逻辑库及当前设备位置状态，对每一项模拟操作进行闭锁逻辑判断，将正确的模拟操作内容生成实际操作程序传输给电脑钥匙，运维人员按照电脑钥匙显示的操作内容，依次打开相应的编码锁对设备进行操作。全部操作结束后，通过电脑钥匙的回传，从而使设备状态与现场的设备状态保持一致。

另外，五防系统对设备变位无提示功能，完全依赖于后台监控信号。若运行人员马虎大意或监控不到位，可能会遗漏了此后台变位信号。尤其在大修、定检或大型操作的过程中，后台信号频繁且繁多，往往设备误发的变位信号与其他信号混杂在一起，此时很难被发现。在交接班时，交接人员也可能因繁忙或疏忽，未交代清楚设备位置状态。这些情况一旦发生，都可能引起误操作事故，后果不堪设想。

通过以上综合分析，五防系统无自主判别设备位置能力，在设备误发变位信号的情况下，会使五防系统误判设备位置，失去基本的防误能力，反而导致误操作事故的发生。解决方案如下：

（1）增加位置辅助触点采集，改为双触点模式：后台监控系统位置信号仅通过现场设备辅助开关单触点采集，再传输到五防系统，进行信号对点，一一对应。若该触点出现问题，将影响信号回路的传输，而误发变位信号。可再增加一对独立位置辅助触点采集，改为互不影响的双辅助触点传输，同时在后台监控和五防系统均增设虚拟位置信号，当某回路两信号位置不一致时，五防系统可发出告警信号，需现场确认、进行人工对位后，方能操作。

（2）改进五防系统，利用闭锁逻辑程序自动对位：仅改进五防系统软件功能，通过每个设备自身的闭锁逻辑程序，来与设备位置相关联。即当某设备出现非逻辑性的变位时，自动闭锁五防系统操作界面则弹出告警窗口，操作人员到现场确认后，实现自动对位。

8. 集控型防误操作闭锁系统

集控型防误操作闭锁系统是安装于集控中心的防误主站，通过各站端微机型防误操作闭锁装置实现对所辖各站的远方遥控操作闭锁控制。一般设独立的防误系统通道，在主站端对自动化系统断路器和隔离开关遥信信息量进行单向隔离读取，系统编程。也可以根据管理方式在站端自动化系统中采样，但两系统的安全隔离性能相对较低，这种采样方式不宜采纳。

集控型防误操作闭锁系统与站端微机型防误操作闭锁装置的联系是通过站端的遥控闭锁器进行的。遥控闭锁器的方式开关在“遥控”位置时方可进行远方遥控闭锁。集控型防误操作闭锁系统下达正确解锁指令后，现场方可解锁，具备对受控站设备实施“强制性电气防误闭锁”的控制功能。

三、防误闭锁配置原则

为了保证防误操作闭锁工作可靠，应制定防误装置配置原则。防误操作闭锁典型配置原则如下：

1. 防误建设

（1）新建、改建、扩建设备时，防误闭锁装置必须同时设计、同时施工、同时验收、同时投运，并优先采用微机型防误操作闭锁装置。

（2）根据设备结构特点，按防误装置的配置原则选配适当的闭锁方式。

（3）无人值班变电站的遥控操作应采用集控型防误操作闭锁系统，一个集控中心管辖范围所安装的集控型防误系统主机及站端微机防误工作站应统一，以防主站、站端工作站、自动化设备之间的配合问题而造成不正确动作，实现受控站设备的强制性电气防误闭锁。

除一次设备自带的防误功能（如机械闭锁、电气闭锁、电磁锁）外，防误装置应统一，一座变电站只允许安装一套防误闭锁装置，不可采用不同产品规约转换的模式。

（4）断路器和隔离开关电气闭锁回路直接用辅助触点，而严禁用重动继电器。

（5）防误闭锁装置所用的直流电源应与继电保护、控制回路的电源分开，使用的交流电源应是不间断供电系统。

2. 防误改造

（1）变电站防误装置的闭锁点应覆盖到所有操作的一次设备，并涵盖集控中心层、站控层、测控层、设备层各个层次，安装率达到100%。

（2）变电站防误装置升级改造，应根据回路接线等情况进行设计，保证防误闭锁逻辑正确合理，适合各种运行方式需要。

3. 配置原则

（1）防误装置结构应简单、可靠、操作方便，尽可能不增加正常操作和事故处理的复杂性。

（2）防误装置应满足设备操作要求，并与设备操作位置相对应。

（3）防误装置应不影响操作设备的技术性能（如分合时间、速度、转向及转角等）。

（4）优选电气闭锁加微机型防误闭锁方案。成套高压开关柜应采取防止误拉合断路器的防护措施，柜内优先采用机械闭锁。常规电气设备优选机械闭锁加微机型防误闭锁方案。遥控断路器（隔离开关）配置遥控闭锁器强制闭锁方案，并具备当地操作闭锁功能。

（5）防误闭锁装置设置的闭锁点必须全面，除主要设备操作处外，还须包括柜门、网门、箱门、接地桩等。

（6）无法直接验电部位，应加装带电显示装置，该装置与防误系统相关联。

（7）防误装置应符合产品标准，并经省（直辖市）、网公司鉴定通过。

4. 功能验收

（1）按“五防”各项功能逐项、逐点进行验收。

（2）检查操作票系统、防误主机软件防误闭锁逻辑的正确性，结合各种运行方式，对防误闭锁逻辑关系进行模拟传动，验证正确性。

（3）查验收存防误闭锁装置逻辑关系框图、说明书等有关技术资料。

四、防误操作运行管理

（1）防误装置运行管理的基本要求是保证“三率”100%，防误装置的三率是指：安装率、完好率、投入率。

（2）规范防误装置及操作安全工器具管理，妥善保管倒闸操作安全工器具，保证试验合格、定置摆放、监测温湿度，使用前检查工器具试验合格、完好，符合使用要求。

（3）防误装置保持良好运行状态，各项功能完善。

（4）防误装置由运行单位负责运行管理，明确运行专责人，加强检修维护和消缺处理工作。

防误闭锁装置缺陷应在24 h内处理完毕，并在此时间段内采取临时防误措施；定期（至少每月一次）检查、维护锁具及闭锁效果，电脑钥匙定期进行充放电；设备巡视包括防误装置（防误主机、模拟图、遥控闭锁器、编码锁、电脑钥匙、解锁工具等）；接地桩必须加防误锁并设置专用标志牌；微机型防误装置用户须授权，授权密码同解锁钥匙同时封存，解锁工具只准许在变电站一个地点集中管理。

（5）运行单位要建立防误闭锁装置档案，运行和检修单位应做好防误闭锁装置的基础工作，建立健全防误闭锁装置基础资料、台账和图纸资料。

（6）防误闭锁装置管理、使用、维护等方面内容纳入现场运行规程。防误操作闭锁逻辑功能的检查至少每年一次。

（7）防误闭锁装置根据运行情况进行升级或更新改造。

第四节　电源进线间隔安全警卫装置

电源进线间隔安全警卫装置是通过一种自动设置安全遮栏和实施安全监护的自动化设施，完成对检修作业安全管控，其基本功能、结构组成、工作原理如下：

一、基本功能

电源进线间隔安全警卫装置的主要功能为：

（1）自动设置和撤除安全遮栏。

（2）越线声光语音警示。

（3）有电监测。

二、基本组成

电源进线间隔安全警卫装置包括：总电源箱及控制电路、分布式单元控制器、位置接近开关、电机及滑道、安全警示带、红外光栅探测器、声光报警器、语音模块、灯屏、有电监测仪等。

三、工作原理

1. 安全遮栏自动“设置”“撤除”

安全遮栏平时安装在电动机构滑道构件上，布置于手车设备间隔手车上的网状安全遮栏外侧，具体位置可根据现场管理习惯置于“设置”位置或“撤除”位置（平时也可以取下另处统一收存）。在进行倒闸操作中，打开手车定位锁具准备拉出手车时，位置接近开关动作启动电机提升处于“设置”位置的安全遮栏。手车拉出到“检修”位置时，位置接近开关启动电机使处于“撤除”位置的安全遮栏降下到“设置”位置，阻挡检修作业人员误入有电设备间隔内。恢复送电操作中，移动手车定位锁具准备推入手车时，位置接近开关启动电动机提升处于“设置”位置的安全遮栏，手车推进工作位置移动定位锁具固定手车时，位置接近开关启动电动机降下处于“撤除”位置的安全遮栏。

电动机操控具有手动控制功能，可根据需要人工操控安全遮栏的升降。根据方式切换，可实现有电间隔自动“设置”“撤除”，而无电间隔不必设置。

2. 人员误入声光报警

安置在单元设备间隔两侧的红外光栅探测器始终处于工作状态，一旦有人体接近手车、阻挡光线，即行启动本单元声光报警及语音警告，以免有人误入有电设备间隔。

可以根据方式切换，选择无条件报警或有电报警模式。

3. 装置的主要特征

该装置将设置和撤除安全遮栏项目自动融入倒闸操作过程中，伴随倒闸操作进程自动实施，简化操作项目，提高操作速度；实现作业监护电子化。

电源进线间隔安全警卫装置适于室内型以间壁墙分割的手车型配电装置场地，对于非间壁墙结构的需根据现场情况进行个性化配置。

第五节　设备检修区与站所安防一体化

设备检修区与站所安防一体化是集检修作业安全监护和站所安防于一体的变电站安全防护方式，主要用于室外型敞开型配电装置设备场地安全监护和变电站入侵安防系统。其主要功能、结构组成、工作原理如下：

一、装置功能

设备检修区与站所安防一体化装置的主要功能：

（1）变电站入侵报警。

（2）检修作业场区越线警示。

（3）安全标识变组。

（4）夜间施工自动警示。

（5）场地照明自动控制。

（6）远方告警、电话操控。

二、装置组成

设备检修区与站所安防一体化装置包括：室内型安防主机、太阳能全无线红外探测器组、庭院灯式太阳能全无线红外探测器组、安全警戒组合架、变组式安全标识警示带盒、户外型太阳能无线警号、联动模块、话路等。

三、工作原理

1. 站所入侵安全防护

在变电站四周围墙及大门布置若干组太阳能全无线红外探测器，组成站所入侵封闭监测网，每一组探测器分配一个识别地址码，当某组探测器红外光被阻挡时本身就地启动报警喇叭的同时，向室内主机发送无线报警信号，室内主机启动报警并根据该组探测器地址码以数字形式予以显示防区号码。

主机与联动模块关联，联动模块配置有多组继电器，继电器以无源触点方式向自动化系统提供遥信告警信息，监控中心可根据遥信告警信息调取变电站视频，实施远方监视。联动模块继电器组与防区的对应关系根据需要设置。

2. 设备检修区安全监护

运行人员根据停电设备和作业面需要，选用若干组庭院灯式红外探测器围成监护区，设置出入口。可选择重设可见安全警示带，在作业地点四周、进出口适当位置设置安全警示标识。当人体跨越安全警戒线时，探测器启动发射无线告警信号至室外警号声光报警，同时发送至室内主机。

3. 安全警戒组合架的移动调节

安全警戒组合架架体底部为双层结构底盘，通过万向旋调脚调节探测器对射高度和场地水平度。

4. 安全标识变组

变组式安全标识警示带盒的盒盖儿、盒底儿裙体部分带有不同的安全标识内容，根据现场需要通过盒盖与盒底儿的不同扣合位置呈现不同标识组合，满足同一变电站不同电压等级场区、同一检修场区不同方向和位置的需要。

5. 全无线安防报警与防区识别

探测器、室外警号、警示灯采用太阳能技术为其提供独立能源，省去电源和信号线路，报警信号采用无线方式发送和接收，并通过地址识别编码技术建立主机（包括警号）与探测器的关联关系。

第六节　开关柜触电防护

一、目前现状

变电站馈线开关柜型式主要有固定式（如 GGIA 型）和移开式（如 KYN28A）两类，开关柜的断路器元件逐渐趋于移开化。就反送电防控来说，目前以管理手段占主要成分，如制度约束、方式控制等，其技术手段主要利用有电监测仪器警示，很少实现有电闭锁。

开关柜触电电源来自于两个不同方向，一是来自于母线，二是来自于线路。来自于配电线路的反送电具有不可见、难控制的特点，其对检修人员的人身安全构成了很大的威胁。纵观屡屡发生的开关柜触电伤亡事故可以看出，以管理为主的防控措施有效性较低，不能从根本上防控线路向开关柜的反送电。

二、解决方案

1. 开关柜反送电防护技术方案

采用在配电线路出口安装断路隔离器（新型设备）方式阻断配电线路的反送电源，建立配电设备与变电设备之关联机制，当馈线开关柜停电检修时自动联动配电线路出口的断路隔离器，切断并隔离可能的反送电。

2. 误入有电柜触电防护技术方案

开关柜防触电事故除在设计、安装、验收等环节严格按照《国家电网公司十八项电网重大反事故措施》要求执行和加强检修作业安全措施设置等防护工作外，可采用开关柜柜门“强拆保护”措施予以防控。根据安全防护管控需要，设置及投入“强拆保护”，当有电开关柜门遭强拆时，可连切电源断路器，避免发生触电事故。

变电站开关柜触电防护具体实施详见本书第六章。

第七节　变电站设备巡检管理系统

一、设备巡检方式

变电站设备巡视主要有以下四种方式：

（1）人工巡视。

（2）远程监视。

（3）人与手持设备相结合。

（4）智能机器人巡视。

二、巡检方式的适应性

变电站设备巡检方式伴随时代的发展而变化，地区综合状况和管理模式将直接对巡检方式和标准予以规范。每种巡检方式具有各自的特征，简述如下：

1. 人工巡视方式

人工巡视是传统巡视方式，尽管存在因巡视人员对设备的熟悉程度、业务水平、工作经验、工作态度、工作责任心和精神状态等因素而影响巡视结果，以及因手工记录容易遗漏数据而可能延误设备缺陷处理时机等缺点，但在科技装备水平没有达到相当高程度之前，仍会采用这种巡视方式。

2. 远程监视方式

无人值班变电站运行管理模式广泛推广以来，变电站综合自动化系统“五遥”（遥测、遥信、遥控、遥调、遥视）功能的完善，在一定程度上降低了事故处理的快速反应能力要求。设备运行状况主要通过远程监视手段实现，当变电站发生异常时，巡检人员赶到现场了解真实情况后才向上级汇报，异常处理和事故抢修时间将会延长，可能会扩大事故波及范围，也会在一定程度上影响企业的售电量和服务质量，但无人值班模式的远程监视技术水平和企业综合效益显而易见。

3. 智能机器人巡视方式

采用变电站智能机器人实施设备巡检是未来发展的方向，因投资大且技术不够成熟、可靠性也有待于进一步考验，所以目前仅在个别站所试点。不过智能巡视机器人能够携带多种仪器和传感器，按照设定的时间、路线代替人对设备进行巡视，及时发现设备的内部缺陷、外部机械或电气问题（如异物、损伤、发热、漏油等），是人工巡视和远程监视远所不及的，期待智能机器人巡视方式的广泛采用。

4. 人与手持设备相结合方式

为弥补单纯的视频监视方式的不足，无人值班变电站和维操队运行模式采用“人与手持设备相结合方式”，利用变电站设备巡检管理系统巡视设备较为适宜。与传统的凭手工、纸和笔的巡视模式相比，这种方式把巡视工作质量、效率、分析能力提高到了一个新的层次，现阶段得到大力推崇和采用。

三、设备巡视管理系统构成及基本功能

1. 系统构成

变电站设备巡视管理系统由下列软硬件设备构成：

（1）巡视电子标签。

（2）巡视手持设备。

（3）计算机系统。

其中：计算机系统包括管理主站及巡检管理程序（可按维操队配置）、站端终端（可根据变电站地域分布合理配置）、网络通道。设备巡视管理系统对整个巡视过程和数据进行有效的管理，是一种现代化的设备管理模式，不仅适于变电站设备巡视，也适于线路巡视。最重要的是它规范了每一位工作人员的作业行为和标准，为各种变、配电设备持续、可靠的运行提供了技术保障。

2. 基本功能

设备巡视管理系统具有以下基本功能：

（1）组织机构、岗位、人员管理。按设备管理机构、岗位和人员实际工作分工情况，组织巡视相关工作流程，建立和分配相关人员的系统操作权限。

（2）巡视标准化作业指导书管理。遵循国家电网公司《变电站设备巡视作业指导书》范本，根据不同单位具体情况形成相对统一的格式，作为母板将其植入系统中。根据需要导出 Word 或 Excel 格式的作业指导书，导入巡检

内容保存到数据库。

(3) 巡视任务管理。根据变电站（维操队）运行管理标准，确定巡视任务属性，区分常规性周期巡视、特殊巡视和附加巡视等不同类型。制定者根据管理标准并结合具体工作要求设定常规巡视周期，根据特殊情形确定特殊巡视和附加巡视内容。

(4) 巡视路线管理。巡视管理人员根据管理标准及现场的实际情况，制定相应的巡视路线图。在巡视路线图上设置巡视点、巡视设备，确定巡视区域，制定巡视任务。

(5) 巡视结果查询。可对巡视任务执行情况、巡视人员到位情况、设备巡视结果、设备缺陷等信息进行查询，并可根据需要导成 Excel 等文件。

(6) 缺陷管理。巡视人员在现场发现设备出现缺陷时可用巡视器进行记录，设备缺陷将随同巡视结果自动保存到系统中；也可通过照相机等设备对此设备缺陷现场拍照，并录入到数据库中进行流转审批，方便处理。

(7) Web 查询。在局域网内，未安装系统客户端的用户可以使用 Web 服务器查询巡视信息。

(8) 报表输出。根据管理要求，按自行设计定制的报表格式及报表输出。

(9) 手持设备信息交换。将巡检任务下载到手持设备，将巡检信息上传系统。

(10) 定位记录。系统接受识别电子标签信息，提醒巡视人员逐点巡视，避免遗漏。

第八章　配电网配电线路安全防护

第一节　配电线路安全防护内容

1. 架空线路安全防护内容

架空线路安全防护主要包括导线张力和弛度、短路或断线、导线腐蚀、污秽闪络、绝缘子老化、避雷器裂纹和破损、电杆（塔）倾断、金具松脱、误登杆塔、塔材丢失、违章建筑和违章树木等方面的防护。其中：

（1）在防护导线弧垂差异、风摆导致导线相互碰撞发生相间短路方面，应使导线的张力、弛度符合标准。

（2）在防护风刮树枝断落于线路上、向导线上抛掷金属物体、放风筝、不绝缘物刮落、超高车辆通过线路下方或吊车在线路下面作业等可能引发线路短路或断线方面，应在宣传、巡检、维护方面予以加强管控。

（3）在防护导线长期受潮湿、有害气体的侵蚀氧化而损坏，特别是钢避雷线最易锈蚀，导线断股、过紧过松，三相张力不平衡，导线接头烧损，导线与绝缘子绑固松脱故障方面，应注意气象和环境影响，经常检查调整导线张力，认真检查接头，发现异常及时处理。

（4）在防护线路上的瓷质绝缘子受到空气中有害成分使瓷质部分污秽，潮湿天气污秽层吸收水分使导电性能增强造成闪络方面，重点把控绝缘子选型和运行检测。

（5）在防护瓷绝缘子不合格或因绝缘子老化，在工频电压作用下发生闪络击穿方面，应加强巡视工作，发现有闪络痕迹的瓷绝缘子应予以及时更换，更换的新瓷绝缘子必须经过耐压试验。

（6）在避雷器固定不牢、表面污秽、裂纹、损伤，保护间隙被其他物短接、间隙不满足要求和瓷绝缘部分受外力破坏发生裂纹或破损发生闪络方面，应注意安装工艺质量和运行检查维护。

（7）在防护土质及水分影响腐蚀木杆造成倒杆方面，应采取涂沥青或加绑桩等防腐措施。登杆作业前，检查杆根是必需的程序。

（8）在防护杆塔基础下沉、倾斜，水泥杆裂纹、疏松断裂，防护设施遭损坏，枝蔓侵害，拉线松弛、断股、严重锈蚀，水泥杆遭受外力碰撞倒杆方面，要加强地质、气象、环境监测，特别要做好防外力碰撞杆塔措施，包括安全标志、防护栏、巡护、媒体宣传等。

（9）在防护导线受力不均而使杆塔倾斜方面，应紧固电杆的拉线或调整导线弛度。

（10）在防护金具锈蚀歪斜、螺栓松动、开口销脱落，导线振动使金具螺丝脱落方面，应在巡视与清扫时仔细检查金具各部件的接触是否良好。

（11）在防护误登杆塔、塔材丢失方面，应采用防盗螺栓、限登挡板等措施保证人身和设备安全。

（12）在防护线路走廊建筑物、树木危害方面，应充分考虑政府职能作用，在路径选择、工程施工、树木砍伐等环节，应与有关部门联合执法。

2. 电缆线路安全防护内容

电缆线路安全防护主要包括下列内容：

（1）在防护电缆储运、敷设和运行过程中的外力损伤方面，除加强电缆保管、运输、敷设等各环节的工作质量外，特别重要的是严格执行动土制度，电缆线路故障多为在其地面上进行其他工程施工造成，因此，直埋电缆采取盖板防护层措施应列为施工工艺标准。电缆进入电缆沟、隧道、竖井、建筑物、盘（柜）以及穿入管子时，出入口应封堵，管口应密封；电缆的最高点与最低点之间的最大允许高度差满足设计和规程要求。在下列地点电缆应有一定机械强度的保护管或加装保护罩（保护罩根部不应高出地面）：电缆进入建筑物、隧道、穿越楼板及墙壁处；从沟道引至铁塔（杆）、墙外表面或行人容易接近处，距地面高度 2 m 以下的地段保护管埋入非混凝土地面的深度应不小于 0. 1 m；伸出建筑物散水坡的长度不应小于 0. 25 m。

（2）在防护地下杂散电流的电化腐蚀或非中性土壤的化学腐蚀使保护层失效而失去对绝缘的保护作用方面，应采取加装电缆护管，并用中性土壤作电缆的衬垫及覆盖，在电缆上涂沥青，在杂散电流密集区安装排流设备等防护措施。

（3）在防护电缆电压选择不当、运行中突然有高压窜入或长期超负荷，使电缆绝缘强度遭破坏击穿方面，需要加强巡视检查、改善运行条件、控制负荷，防止过电压和过负荷运行。

（4）在防护施工不良、绝缘胶未灌满导致终端头浸水发生爆炸和终端头漏油、密封结构被破坏，使电缆端部浸渍剂流失干枯、热阻增加、绝缘加速老化吸潮造成热击穿方面，应严格按施工工艺规程施工和验收，加强运行检查和及时维修，发现终端头进水、渗漏油时应加强巡视，严重时应停电重做。

（5）在防护有毒有害、易燃易爆和化学管线、储罐侵害方面，应特别加强设计、施工等过程的政府统一协调工作，严格按照有关标准设计和建设。

（6）电缆及沟道运维的基本要求主要包括：运维人员应掌握电缆及通道状况，熟知有关规程制度，定期开展运行分析，提出相应的事故预防措施并组织实施；做好电缆及通道的巡视、维护和缺陷管理工作，建立健全技术资料档案，做到齐全、准确，与现场实际相符；建立岗位责任制和专责负责制，明确划分维护管理分界点，不应出现空白点；对易发生外力破坏、偷盗的区域和处于洪水冲刷易坍塌等区段，应采取针对性技术措施并加强巡视。

（7）电缆及沟道的运维技术要求主要包括：设计应符合 GB 50217－2007《电力工程电缆设计规范》、DL/T 5221－2005《城市电力电缆线路设计技术规定》要求，并充分考虑预期使用功能；电缆、附件及附属设备性能应符合 GB/T12706.1－2008《额定电压 1 kV 到 35 kV 挤包绝缘电力电缆及附件第一部分：额定电压 1 kV 和 3 kV 电缆》和 Q/GDW 371－2009《10（6）kV～500 kV 电缆线路技术标准》要求；进出电缆通道内部作业执行 Q/GDW 1512－2014《电力电缆及通道运维规程》和有限空间作业相关要求；电缆本体主绝缘、外护套绝缘耐雷水平、电缆载流量和工作温度、电缆的敷设和固定、运行时的最小弯曲半径等应满足规程要求；有防水要求的电缆应有纵向和径向阻水措施；有防火要求的电缆除选用阻燃外护套外，还应在沟道内采取必要的防火措施。

（8）电力电缆的金属护套或屏蔽层接地方式应符合下列要求：对于三芯电缆，应在线路两端直接接地（若线路中间有接头，应在接头处另加接地点）；对于单芯电缆，在线路上至少有一点直接接地并且满载情况下，在金属护套或屏蔽层上任一处的正常感应电压，在未采取和已采取能防止人员任一点接触金属护套或屏蔽层的安全措施时，分别应不大于 50 V 和 100 V；对于长距离单芯水底电缆，应在两岸的接头处直接接地。35 kV 及以上单芯电缆的金属护套或屏蔽层单点直接接地时，若系统短路时金属护套或屏蔽层上的工频感应电压超过金属护层绝缘耐受强度（或过电压限制的工频耐压），或者需要抑制电缆对邻近弱电线路的电气干扰强度，则宜考虑沿电缆邻近平行敷设一根两端接地的绝缘回流线。

（9）电缆附件运维的主要技术要求如下：电缆终端外绝缘爬距应满足所在地区污秽等级要求；电缆终端套管、瓷瓶无破裂，搭头线连接正常，电缆终端应接地良好，各密封部位无漏油；电缆终端与电气装置的连接应符合 GB 50149《电气装置安装工程母线装置施工及验收规范》的有关规定；电缆终端上应有明显的相色标志，且与系统的相位一致；并列敷设的电缆，其接头位置宜相互错开；电缆明敷设的接头应用托板托置且为刚性固定，直埋电缆接头盒外面应有防止机械损伤的保护盒（环氧树脂接头盒除外）；电缆附件应有铭牌，标明基本信息和安装信息。

（10）电缆附属设备的主要运维技术指标应符合规程要求，主要包括：避雷器外绝缘、热点温度和相对温差，供油装置油压，接地装置接地连接可靠性，防火封堵，在线监测装置报警和自诊断功能，四防（防雨、防潮、防尘、防腐蚀）措施等有关内容。

（11）电缆附属设施的电缆支架层间允许最小距离满足表 8－1 要求，电缆支架最上层至沟顶（楼板）和最下层至沟底（地面）的距离不宜小于表 8－2 中的数值要求；电缆终端、避雷器带电裸露部分之间及与接地体的距离应符合表 8－3 要求。

表 8－1　电缆支架的层间允许最小距离值　　单位：mm

电缆类型及敷设特征		支（吊）架	桥架
控制电缆明敷		120	200
电力电缆明敷	10 kV 及以下（不含 6～10 kV 交联乙烯绝缘电缆）	150～200	250
	6～10 kV 交联乙烯绝缘电缆	200～250	300
	35 kV 单芯 66 kV 及以上，每层 1 根	250	300
	35 kV 三芯 66 kV 及以上，每层多于 1 根	300	350
电缆敷设于槽盒内（h 为槽盒外壳高度）		$h+80$	$h+100$

表 8-2 电缆支架最上层至沟顶（楼板）和最下层至沟底（地面）的距离 单位：mm

敷设方式	电缆隧道及夹层	电缆沟	吊架	桥架
最上层至沟顶或楼板	300~500	150~200	150~200	350~450
最下层至沟底或地面	100~150	50~100	—	100~150

表 8-3 电缆终端、避雷器带电裸露部分之间及接地体的距离 单位：mm

运行电压	10 kV		20 kV		35 kV		66 kV		110 kV	
	相间	对地	相间	对地	相间	对地	相间	对地	相间	对地
户内	125	125	180	180	300	300	550	550	900	850
户外	200	200	300	300	400	400	650	650	1 000	900

在电缆终端头、电缆接头、拐弯处、夹层内、隧道及竖井的两端、工作井内等地方应装设标识牌，标识牌上应详细标明电缆型号、规格、起止点等信息（双回线路电缆信息须详细区分）；在电缆终端塔（杆、T 接平台）、围栏、电缆通道等地方应装设警示牌；在水底电缆敷设后应设立永久性标识和警示牌；在电缆隧道内应设置出入口指示牌；接地箱应设置标牌，电缆隧道内通风、照明、排水和综合监控等设备应挂设铭牌。所有标牌、警示牌、指示牌、铭牌的材质、规格、耐腐蚀性能，以及标注的信息内容应符合规程要求。

在电缆穿过竖井、变电站夹层、墙壁、楼板或进入电气盘、柜的孔洞处应做严实可靠的防火封堵；在隧道、电缆沟、变电站夹层和进出线密集区域应采用阻燃电缆（或采取防火措施）；重要电缆沟和隧道中有非阻燃电缆时，宜分段或用软质耐火材料设置阻火隔离，封堵孔洞。

在直埋、排管敷设的电缆上方沿线土层内应敷设带有电力标识的警示带；直埋电缆不得采用无防护措施的直埋方式。与煤气（天然气）管道邻近平行的电缆通道应采取有效措施及时发现燃气泄漏进入通道的现象，发现泄露及时处理。直埋电缆的埋深（由地面至电缆外护套顶部的距离）一般不小于 0.7 m，穿越农田或车行道下时不小于 1 m（进入建筑物、与地下建筑物交叉及绕过建筑物时的浅埋区段须采取保护措施）。电缆沟道、隧道、工井、排管、桥架、水底电缆等各项安全技术要求应符合规程规定。

第二节　线路分界（分段）防护

配电线路上 T 接的分支线路范围内发生永久性故障时，往往会造成整条配电线路长时间停电，影响对其他非故障分支用户的正常供电，将对供电企业和电力用户造成损失。为解决分支线路永久性故障对全线非故障分支负荷用户的影响问题，采用加装用户分界负荷开关或用户分界断路器的方式予以控制，实施控制的元件分别是“用户分界负荷开关控制器”和“用户分界断路器控制器”。

一、用户分界负荷开关控制

通过用户分界负荷开关控制器对配电线 T 接的分界负荷开关实施智能控制，实现对线路的保护及自动监测、故障查询、信息通信等功能，包括：过流保护、零序保护、事件记录、实时时钟、实时状态查询、智能掌上电脑控制、本地/远程定值设置、遥控/手合操控、故障主动上报、GSM 短消息报告、GPRS 通信、以太网通信等。

用户分界负荷开关控制器的故障保护性能如下：

（1）中性点不接地（含经消弧线圈接地）系统分支用户界内发生单相接地故障时，判为永久性接地故障后实施跳闸，选出故障分支。

（2）中性点经小电阻接地系统分支用户界内发生单相接地故障后，迅速切除故障。

（3）用户分界内发生永久性相间短路故障时，实施无流无压跳闸，隔离故障。

二、用户分界断路器控制

用户分界断路器对短路电流开断的能力较负荷开关大，具有自动重合闸功能。分界断路器控制器可作为变电站线路保护的下级保护，其在保护及自动监控、故障查询、信息通信等方面的功能包括：速断保护、过流保护、零序保护、重合闸、重合闸后加速、事件记录、实时时钟、实时状态查询、智能掌上电脑控制、本地/远程定值设置、遥控/手合操控、防浪涌保护、GSM短消息报告、GPRS通信、以太网通信等。

用户分界断路器控制器的故障保护性能如下：

（1）中性点不接地（含经消弧线圈接地）系统分支用户界内发生单相接地故障时，判为永久性接地故障后实施跳闸，选出故障分支。

（2）中性点经小电阻接地系统分支用户界内发生单相接地故障后，先于变电站保护动作跳闸，切除故障分支。

（3）用户分界内发生永久性相间短路故障时，通常先于变电站保护动作跳闸，切除故障分支。

三、免TV用户分界自动控制开关

用户分界负荷开关控制器和分界断路器控制器引入的电压量，以及开关和控制器的电源电压均由线路电压互感器（TV）提供，使用线路TV必然带来一些问题，如容易产生谐振过电压导致设备绝缘危害、污染电源、开关结构设计较复杂、增加资源浪费等。采用免TV用户分界断路器将会克服TV带来的上述缺点，可实现线路短路故障和接地故障的自动快速隔离、与配电自动化系统通信，实现监控线路状态、遥控、遥测、遥信、遥调。

免TV用户分界断路器的智能控制器以电压传感器元件取代电压互感器，所具有的控制功能包括：速断保护、过流保护、零序保护、重合闸、重合闸后加速、事件记录、实时时钟、实时状态查询、智能掌上电脑控制、本地/远程定值设置、防浪涌保护、GPRS通信等。其中单相接地故障保护采用零序电流及零序方向保护方法，以区分界内和区外故障。

配电自动化远方终端（简称配电终端），它是安装在10 kV及以上配电网的各种监测、控制单元的总称，包括馈线终端（FTU）、站所终端（DTU）及配电变压器终端（TTU）等。

工作电源的可靠性要求在正常条件下，长期、稳定、可靠地为开关设备、终端设备及其通信设备提供合格电源。在配电智能开关设备的大量应用中，由于工作电源所导致的开关拒动、终端设备瘫痪或系统部分功能丧失等问题时有发生，所以配电终端的工作电源方案需要进一步研究。

近些年来，配电线路上安装使用智能型分支分段开关设备越来越多，而且，几乎全部都是采用电压互感器来获取工作电源。这里所说的“电压互感器”的主要功能是用于取电，虽然我们仍习惯性地将其简称为PT，但不能理解为potential transformer（测量用变压器），而应理解为“电源变压器”（power transformer的缩写）。

众所周知，电力线路对地存在着分布电容，而这个分布电容很容易与这些电磁式电压互感器形成铁磁谐振过电压。由电磁学原理和过电压理论可知，产生铁磁谐振过电压的必要条件是谐振频率 $\omega_0 = 1/L_0C < \omega$，因此，铁磁谐振过电压可以在很大的范围内发生。其过电压的幅值可达 $3 \sim 4U_{max}$，如此高的过电压足以对电气设备造成严重的危害。这就是近些年来配电线路上随着智能开关设备安装使用量越来越多，TV损坏比例较高的主要原因。

为避免由于铁磁谐振产生过电压的危险，所以非电源变压器供电方式已经开始有研究和小规模试用。

非电源变压器供电方式也叫免TV取电方式，主要有两种，即采用高压电容限流取电的方式和采用电流互感器（TA）取电的方式。这两种方式都没有高压电磁线圈，故不会产生铁磁谐振过电压。而且，采用高压电容限流取电的方式没有电磁损耗，省电节能；采用TA取电的方式具有高性能的绝缘强度、造价低、安全可靠等特点。表8－4为三种不同取电方式优缺点比较表。

表8－4　不同取电方式优缺点比较表

取电方式	优 点	缺 点	经济性
TV取电	原理简单，易于接受； 电源侧有电，工作电源即有电	易产生谐振过电压； 笨重，安装费力； 不节能	一般
高压电容限流取电	无谐振过电压危险； 节能（无TV铁磁损耗）	高压电容器质量可靠性存疑； 与TV方案比，无成本优势	成本较高
TA取电	高低压绕组完全隔离，安全、可靠性高	线路空载或轻负荷时可能无法提供工作电源或对后备电源充电； 大电流时TA会饱和发热	成本较低 （TA成本仅为TV成本的1/3）

1. 电容限流取电

电容限流取电是将 10 kV 高压电通过电容器限流后经整流/限压变换为可供配电终端使用的低压直流电的技术。电容限流可以采用单相或多相，但三相更合理。图 8 - 1 是采用三相电容限流的电源电路原理图。

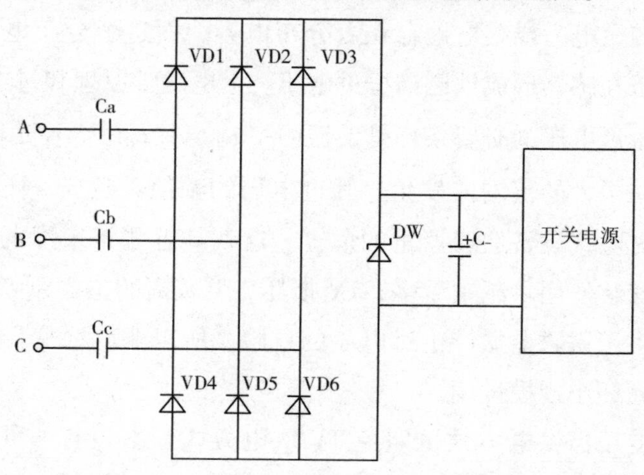

图 8 - 1　采用三相电容限流的电源电路原理图

图 8 - 1 中：Ca、Cb、Cc 为高压限流电容器；整流二极管 VD1 ~ VD6 组成三相桥式整流器，它的作用是将经限流后的交流电流变换为直流，经电解电容器 C 滤波和稳压二极管 DW 限压后送开关电源进行电压变换，供配电终端及其通信模块使用。

采用电容限流供电，对高压电容器的要求较高，主要有三个方面：

（1）高电压耐受性能。因为产品需要长期接入 10 kV 配电网并可靠工作，故电压耐受性能是基本条件。耐压要求是必须通过 42 kV 持续 1 min 耐压试验，无击穿、无过热。

采用高介电常数的新型陶瓷材料制造的高压电容器具有体积小、耐受电压高、介质损耗小等特点。虽然 N4700 陶瓷材料的介电常数更高，但电压耐受性能却不如 Y5T，所以目前真正可以长期挂网运行的是采用 Y5T 材质的电容器。

（2）温度特性。电容器的电容量具有随温度变化而变化的特性，使用温度范围为 -25 ~ +85 ℃时，电容量的变化率为 ±28%，即温度低时电容量较大，温度高时电容量变小。

（3）电容量要求。因为电容器的容抗 $X_c = 1/\omega C = 1/2\pi fC$，则限制电流值 $I_{xz} = \sqrt{3} \times U \times 2\pi fC$（采用图 5－1 三相电容限流时），式中：$C$ 为电容量；U 为电网额定电压；f 为电源频率。

电容量必须满足限制电流后获取的功率足够配电终端及其通信模块正常运行并有适当余量，杜绝“入不敷出”。解决方案可以通过配电终端及其工作电源的低功耗设计和加大限流电容器的电容量来满足要求。而且，由于配电网线路上，尤其是分支或分段处电压可能有降低，环境温度升高时将造成电容量减少，这些都可能造成限流取电的功率不够，所以设计“余量”时需要全面考虑。

2. TA 取电技术

TA 为电流互感器，采用 TA 取电的方式称为 TA 取电技术。

因为普通 TA 主要作为测量与保护使用，要求的是其二次电流随一次电流变化的线性度和准确度，而取电用的 TA 则需要小电流时即有较高电压输出，大电流时的输出电压又不能过高，否则会对终端设备造成损害。

配电终端新标准对 TA 取电方式有相关要求如下：

（1）“取电 TA 开路电压尖峰值宜不大于 300 V，否则应加开路保护器。”

（2）“对 TA 感应供电回路应具备大电流保护措施，当一次电流达到20 kA 并持续 2 s 时，配电终端不应损坏。”

图 8－2 为一般磁性材料的 $B-H$ 磁化曲线。磁性材料的磁场强度 H 从 0 开始逐渐变大时，磁感应强度 B 也从 0 点开始变大。从图中可以看到：0 ~ a 段 B 随 H 的变化比较缓慢，这是磁化曲线的初始段；当磁场强度 H 继续增大至 b 点时，磁感应强度 B 随 H 的变化近似于线性，a ~ b 段即为线性段，常规 TA 都工作在该区域；当超过 b 点时，B 的增加开始变慢，到 c 点后 B 几乎不再变大，磁性材料被磁化进入饱和，即无论 H 再怎样增大，其磁感应强度也不会再增大，此时的磁感应强度称为饱和磁

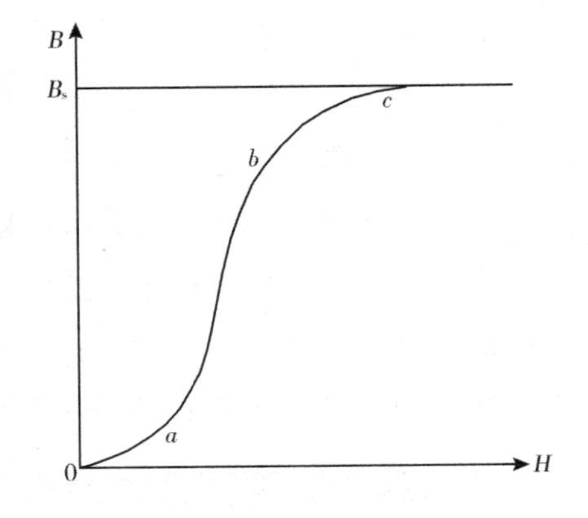

图 8－2　一般磁性材料的 $B-H$ 磁化曲线

感应强度，用 B_s 来表示。

采用常规 TA 取电遇到的难题是，当一次负荷电流较小时取不到电，而一次电流太大时由于二次很高的感应电压有可能损坏设备。为此，取电 TA 不能采用传统的电工用冷轧硅钢薄板（俗称硅钢片）作为铁芯材料，而需要采用新型导磁材料。

微晶导磁材料的最大特点是起始磁导率高，易饱和、低矫顽力、低损耗及良好的稳定性，是目前市场上综合磁性能最优异的导磁材料。采用微晶导磁材料的铁芯制作取电 TA，既可满足一次电流较小时的输出能量较大，又可满足大电流时的感应电压值不是太高，防止对配电终端的损坏，是比较合理的解决方案。

根据电磁感应原理，感应电动势的有效值可按如下公式计算求得

$$E = 4.44fN\Phi = 4.44fNSB$$

$$B = \mu H$$

式中 E——感应电动势的有效值，V；

f——交流电频率，Hz；

N——绕组匝数；

Φ——磁通量，Wb；

S——铁芯截面积，m^2；

B——磁感应强度，T；

μ——磁导率；

H——磁场强度，A/m。

当 TA 的一次电流从 0 逐渐增大时，由于微晶导磁材料的起始磁导率 μ 较高，则铁芯的磁感应强度 B 也较大，故感应电动势 E 也较大；而当 TA 的一次电流大到一定程度时，由于铁芯饱和点较低，故感应电动势 E 不会继续变大，而且由于其磁导率 μ 的非线性特性而使其输出电压有所降低。

四、柱上式隔离开关的电动操控

随着智能电网和配电网自动化建设的快速推进，用户分界断路器的使用量越来越大。用户分界断路器是一种全新的 10 kV 户外柱上式成套配电设备，包含真空断路器、控制器及柱上 TV 三大部分。由于用户分界断路器一般都

需要外带隔离开关，而目前隔离开关的操作需要登上电杆进行，其安全性差和不方便的现实问题已经开始显现，所以实现柱上式隔离开关的不上杆电动操控成为必须。

1. 柱上式断路器外带隔离开关的作用

（1）为确保检修工作安全，需要有明显可见的电气隔离断口。因为柱上式断路器的分合闸状态都是依靠其操动机构上的分合位置指示器来判断和识别的，若分合位置指示器损坏或卡死，有可能造成误判，因此可能造成带电挂地线、人身触电等重大事故。所以越来越多的用户在选用柱上式断路器时，要求外带隔离开关，即将隔离开关串接在断路器的进线侧，与断路器组合成一体，而且要求隔离开关与断路器之间有可靠的防误机械联锁。

（2）提高断路器的绝缘安全性。12 kV 真空灭弧室触头开距仅为 9 ± 0.5 mm，这么小的触头开距，一旦灭弧室发生漏气，动静触头间将很难满足绝缘要求。外带隔离开关，可以提高断路器在分闸状态下的绝缘安全性，减少绝缘事故的发生。

2. 柱上式隔离开关电动操控的好处

实现隔离开关的不上杆操作，可以防控人身意外触电和高处坠落事故风险，减轻劳动强度，提高工作效率。

3. 柱上式隔离开关实现电控的前提

实现柱上式隔离开关的不上杆操控，需采用断路隔离器，并需具备以下条件：

（1）具有操作电源。电动操作机构的电动操控，必须具有满足操作的动力电源。因为用户分界断路器都配置有柱上电压互感器 TV，所以利用其提供电机运转控制可以保障，无须单独引入外电源。

（2）具有遥控收发器。要实现不上杆操作，必须依靠无线电遥控，而用户分界断路器配套的控制器（无论什么厂家的产品）都具有当地（短距离）无线遥控功能，可以实现地面操控。

（3）需要硬件结构保证。对用户分界断路器的闭锁装置结构稍作改动，不难实现用户分界断路器外带隔离开关的无线电操控。

（4）需要软件逻辑支持。以原用户分界断路器的控制器为硬件设备，在此基础上对软件逻辑（包括线路保护、接地选线、反送电防控、防误闭锁等功能模块及其相互间的对接关系）进行完善化编程，实现地面或远方操控指令信号的收发与控制不难实施。

4. 柱上式隔离开关实现电控的基本要求

（1）基本要求。柱上式隔离开关具有体积小、结构简单的特点，所以配套的电动操作机构也相应要求体积小、结构简单可靠，而且需要像断路器操动机构一样，既能手动，也能电动，且互不影响。

（2）需要手动离合。为实现既能手动也能电动，且互不影响，需要在手动操作时将电动齿轮脱开，即配用可便于手动操控的离合器。且该机构具有结构简单、可靠性高、体积小、成本低等特点，便于推广。

（3）需要增大电动力矩。户外断路器所带隔离开关的操作力矩较大，尤其是长期户外恶劣环境运行一段时间后，其操作力矩更大。所以机构的设计必须留有操作力矩裕度，确保操动的可靠性。

（4）保证机构箱的密封性。为保证电动操作机构工作可靠，需要采用不锈钢外壳加橡胶密封方式将电机、辅助开关、齿轮、离合器等部件全部密封，以满足长期、户外及南（北）方气候条件下的防雨、防尘、防晒等要求。

（5）具备完善的防误操作措施。为防止在断路器合闸状态时操作隔离开关，即带负荷拉合隔离开关的误操作，除保留原有的机械联锁功能外，还增加电气回路自动闭锁控制，以求实现防误操作“双保险”。

第三节　架空线路综合监测装置

1. 架空线路综合监测装置功能

智能电网需要采用智能化设备及其智能化管理手段来支撑，架空线路综合监测是用于对配电线路实施带电显示、短路故障指示、负荷电流监测、超声波驱鸟等功能的一体化装置（俗称线路宝）。线路宝整体组成如图 8－3 所示。

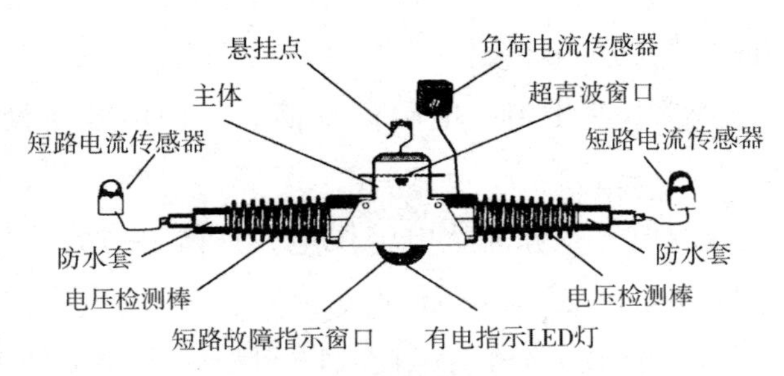

图 8－3　线路宝整体组成

线路宝的防护功能主要体现在以下方面：

（1）线路带电显示。线路在线带电显示可直接明显告知配电运维人员该分支区段是否停电或分支开关跳闸，辅助故障定位、检修间接验电，防止带电挂接地线和误登有电线路及设备而发生触电。

（2）短路故障指示。根据线路网络结构需要配置鉴别性线路宝，在发生短路故障时对应的故障线路区段和分支予以“指示”，将大大提高故障巡线工作效率。

（3）负荷电流监测。配电运维人员利用手持 PDA（掌上电脑）通过无线电随时监测各处（主干及分支）配电线路负荷电流数值。PDA 所记录的位置和时间除监测线路负荷电流外，也对线路巡线人员的巡检路线和工作情况予以间接跟踪考核。

（4）超声波驱鸟。通过超声波技术，在不破坏生态平衡、不扰民的情况下驱鸟，避免鸟害导致线路短路或接地故障。

2. 架空线路综合监测装置驱鸟原理

由于超声波的功率有限，为防止鸟禽在架空线路的杆塔横担处筑巢、歇落，且为了达到驱鸟效果，驱鸟器一般都需要安装在尽可能靠近杆塔横担处。驱鸟器内置有多种声效程序，并经随机组合和轮换方式自动进行播放，可使这种物理驱鸟方式效果长远有效。

超声波驱鸟必须要有一定的功率输出方能达到驱鸟效果，需要同时考虑好两个问题：一是供电问题，二为防盗问题。防止偷盗的最简单有效的办法是将驱鸟器悬挂于高压导线上，使驱鸟器与高压成等电位。这样一来，又需要解决驱鸟器的供电问题。

驱鸟器的几种供电方式比较：

（1）采用一次性电池供电，电路设计简单，但电池更换麻烦、不及时，涉及停电问题。

（2）采用变流取电方式和光伏电池供电，这两种方式都能同时解决供电和高压等电位（防盗）问题，但都有不足之处。体现在：变流取电方式安全性高、简单，但问题是当线路负荷电流长时间都很小的条件下，将不能满足供电或充电要求，有可能使驱鸟器失效或损坏；光伏电池供电方式虽然不受负荷电流影响，但当连续多日的阴雨天，即长期光照太低的条件下，蓄电池始终不能充电，“入不敷出”的结果是导致蓄电池损坏。

（3）采用直接取电的方式，防盗效果好、供电有保证，缺点是停电期间不工作。

利用电容限流取电方式取得工作电源的原理示意图如图 8－4 所示。

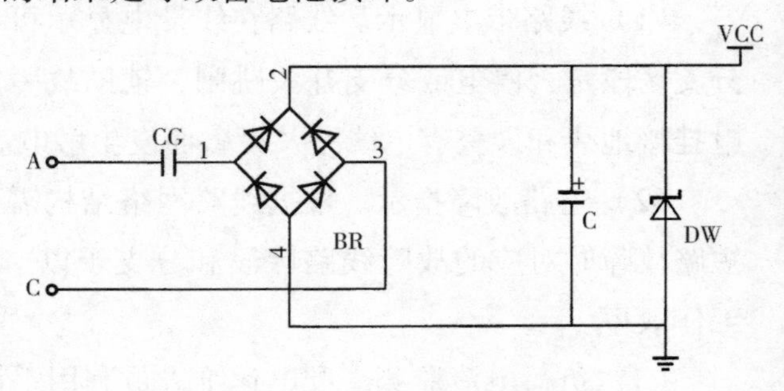

图 8－4　采用电容限流取电的原理示意图

电容器 CG 的容抗：$X_c = 1/(\omega \times C) = 1/(2\pi \times f \times C)$；

电容器 CG 的限制电流：$I = U_e / X_e = U_e \times \omega \times C$。

第四节　雷电定位系统

一、系统构成及用途

雷电定位系统主要由方向时差探测器、中央处理器、雷电信息系统三部分组成，用于对雷电活动的实时监测。其中雷电信息系统由计算机等硬件和雷电信息系统专用软件组成为雷电分析显示终端，主要实现雷击点位置及雷暴运行轨迹的图形显示、雷电信息分析和统计。

雷电定位系统的管辖范围较宽，一般按省（州）域电网范围建立服务器，在各地市（县）分设专线用户终端工作站，通过C/S和WEB对系统数据进行管理，通过HTTP服务器访问获得雷电数据。

二、雷电系统监测内容

雷电定位系统实时监测的雷电活动参数包括：雷电发生的时间、地点、幅值、极性、回击次数等。

三、雷电定位工作原理

方向时差探测器实时探测雷电波，将带有时差的雷电波传送给中央处理器，中央处理器对探测到的雷电波特征信息进行数字化处理后发给雷电信息系统。雷电信息系统对收到的数字化雷电信号进行系统分析处理，即根据雷电的经纬度，通过系列变换、计算、处理使其成为计算机屏幕图形坐标，并将雷击点及雷电参数定位在屏幕地图上的相应位置，供专业管理工作人员获取。

四、雷电定位系统应用

雷电定位系统信息按多层图层叠加方式显示，分别为：地理层、雷电探测层、变电站层、线路层、雷电信息层、查询缓冲区层。其中：

（1）地理层显示地理行政区域背景，按行政区界、省市点位、公路、村镇等一般地图信息。

（2）雷电探测层在地图区域中显示所有雷电探测站分布。

（3）变电站层在地图区域中显示变电站分布。

（4）线路层在地图区域显示线路分布图。可按电压等级进行分级显示控制，可选择显示线路杆塔号。

（5）雷电信息层在地图区域图形化显示实时雷电和查询雷电信息。

（6）查询缓冲区层生成各种所需对象，如线路走廊宽度、局部区域状况等。

目前，雷电定位系统主要用于66 kV及以上线路，对雷击线路故障的故障杆塔进行定位研判和巡线指导，对35 kV及以下配电系统可作为参考使用，有条件时可对雷电定位系统进行扩展应用。

第五节　污闪防护

一、污闪产生机理

电气设备绝缘常年暴露在自然环境下，大气中的导电颗粒粉尘污秽沉积在设备绝缘层上，将使绝缘性能降低，特别是潮湿天气，容易造成爬弧击穿而发生短路故障。由于雾霭中包含大量的导电尘埃，大雾可能引起大范围的闪络事故，尤其是沿海地区电网遭到污闪（雾闪）的概率相对较高，必须采取防污治污措施。

二、污闪事故预防

污闪事故主要的对象是线路绝缘子、变电站设备伞裙，防护绝缘子、设备伞裙污闪事故主要采取以下措施：

（1）定期清扫设备外绝缘和绝缘子。

（2）采用防污涂料，利用其憎水性提高耐污水平。

（3）改变防污伞裙结构增加爬距。

（4）采用耐污性能好的设备外绝缘磁件。

（5）使用合成绝缘子。

（6）开展防污技术监督，定期完善污秽图，指导防污治污工作。

第六节　电力线路巡检管理系统

一、电力线路巡检管理系统的意义

架空电力线路巡视检查是有效保证电力系统安全的一项基础工作，其目的是实地查看线路导线及其杆塔（包括基础和附属设施）运行状况和周围环境，及时发现和消除缺陷及安全事故隐患，以保证电力线路的安全运行。利用智能巡线管理系统可实现电力线路巡视的智能管理，智能巡线管理系统具有以下功能：

（1）客户端与手机终端任务的发送与接收。

（2）任务结果的地图查看。

（3）任务数据查询。

（4）权限管理。

（5）曲线报表。

二、电力线路巡检管理系统的构成

1. 系统构成

电力线路巡检管理系统由手持机（PDA）和后台机（PC）构成如图 8－5 所示。其中：

（1）手持机数量可根据需要配备，普通智能手机即可。

（2）巡检后台机为普通台式电脑，可与其他办公计算机兼用。

手持机　　　　后台机

图 8－5　线路巡检管理系统构成图

2. 手机在系统中的功能

用户利用手机进行线路巡检管理工作，手机在智能巡线系统的功能如下：

（1）接收巡检任务。巡检任务是运行人员在开展巡检工作之前，通过无线从 GIS（地理信息系统）工作站平台上下载得到的巡检设备数据，巡检任务一般由值班负责人制定。巡检人员到达现场后，要完成巡检任务中指定的所有设备的巡检工作。同时，本次巡检出的异常设备，将在系统中留下特殊标记，作为下次巡检的重点任务，供巡检人员重点检查。

（2）填写设备运行情况。巡检人员选择了某设备后，手机软件可以逐项显示对应该设备要巡检的所有项目，缺省的状态是“正常”，如果有运行异常，巡检人员可以用操作笔为该项目打“√”做标记，并且所有的项目状态都可以复选。对于数值型的项目，如温度和刻度等，可以直接录入数字。如果是上次巡检异常的项目状态，手机会初始显示该设备的上次异常值，以供本次巡检重点查看。电子地图可以显示电力设备（设施）的矢量电子地图，可以任意缩放和漫游。

（3）设备操作。在手机上对设备进行遥控和时间整定及定值操作。

（4）回传和保存巡检数据。结束巡检后，巡检人员将巡检结果传输到工作站中。本次巡检过程中有问题的设备将作为下次任务的重点显示内容。在回传的时候要检测此次任务执行的情况，并提示漏检的设备。

3. 电力线路巡检管理系统的工作流程

智能巡线管理系统工作业务流程如图 8－6 所示，主要工作步骤如下：

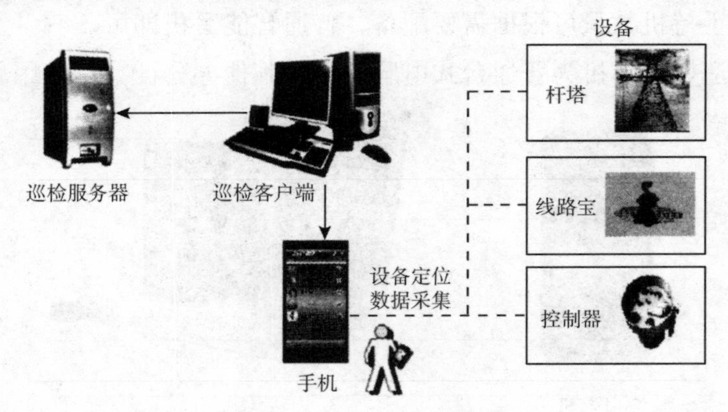

图 8－6　系统业务流程图

（1）线路巡检工作人员持手持机到运行维护范围内的线路各个工作现场，利用手持机对设备运行信息进行拍照，记录设备运行状态信息。

（2）线路运行信息获取完毕后予以保存，将带有巡检信息的手持机带到有 WIFI 的地方。

（3）将巡检信息利用 WIFI 上传到后台机。

（4）管理人员对线路巡检信息进行分析，指导运检工作计划。

三、电力线路巡检管理系统的主要特点

（1）利用普通手机取代 PDA，一物多用，轻装便捷。

（2）直接利用智能手机的 GPS 定位功能，不需杆塔上附加其他设备即可

确定巡线人员到达地点与杆塔的各自位置。

（3）实现 GPS 与 GIS（地理信息系统）的动态融合，准确、直观定位。

（4）可实现巡线智能管理、现场拍照等，具有日期、时间标识。

（5）与线路宝通信，读取线路宝监测电流、电压、SOE 数据，实时掌握线路运行状况。

系统利用无线传输巡检信息，其工作方式有以下两种：

（1）在开始工作前，通过无线信道或 GPRS 下载线路和设备的所有信息到手机上，然后进入工作现场，在工作中，保存 GPS 位置和线路设备信息在手机上。工作结束时，将数据一起发送到控制中心服务器上。

（2）实时下载数据方式。当巡检人员进入到线路或设备的指定范围内，手机自动下载该线路和设备的基本信息到手机，巡检后，数据又实时发送到控制中心。

第一种方式适用于野外 GPRS 信号不好的工作场所，第二种方式的优点是可以实现实时数据采集。

第七节　配变台区智能巡检

一、配变台区的基本特点

1. 配变台区基本构成

以配电变压器为核心的高压配电设备、低压配电设备及其计量装置等统称为配电变压器台区设备，俗称配变台区。也有的地区将变压器的低压配电线路及全部用户纳入配变台区管理范畴。

2. 配变台区基本特征

（1）配变台区分布面广、数量大、位置分散、不定期有变更（位置变更、容量变化或数量增减等）和户外安装等特点，供电营业管理工作量大，可能会鞭长莫及、力不从心。

（2）一些偏僻、偏远地区（如农村）变压器被盗事件频发，不仅会造成用户停电损失和社会影响，也给供电单位造成财产损失和运维成本增加。

（3）配变台区的分布和环境决定其运行管理不可能设置有人值守，只有采用先进的技术手段才能使众多的配电变压器得以安全经济运行。

二、配变台区的管理重点

1. 需要解决的问题

（1）设备管理不到位。由于变压器三相负荷不平衡而导致温度过高甚至烧毁；由于渗漏油而引起变压器长时间高温运行而导致使用寿命降低；由于外力破坏而导致的变压器损坏；被盗现象时有发生。

（2）线损率高。窃电方式多而巧妙，需要降低线损率。

（3）负荷管理粗放。

（4）抄表和缴费管理劳动强度大。

2. 配变台区智能巡检的意义

（1）可以及时发现异常状况（如缺相运行、油位过低、油温过高等）并得到处理，因而可延长配电变压器的使用寿命，减少设备损坏和事故的发生，提高安全性和供电可靠性。

（2）可防止配电变压器长时间空载运行，降低不必要的损耗。

（3）可通过无功补偿和负荷调节进一步提高供电质量。

（4）可以及时发现台区计量故障或窃电，减少经济损失。电能计量装置是电能商品在售用过程中的“一杆秤”。台区计量对公用变压器而言，主要作用是供电企业内部实现台区线损考核；对专用变压器而言是对外准确计费。窃电是一种有目的性的使计量装置产生人为故障的非法行为。计量装置无论发生自然故障还是人为故障，都将给供电企业带来直接经济损失，必须尽早发现并给予及时处理。

（5）可有效减少或防止配电设备被偷盗、破坏。

（6）节省人力资源，降低劳动强度。

三、配变台区智能巡检系统功能

1. 设备管理

（1）技术管理。根据 DL/T1102－2009《配电变压器运行规程》和配电专业管理要求，需对变压器等设备进行定期巡视、检查，要求尽快消除变压器的故障和事故，其中包括“立即停运”等措施。在智能配电网尚未建立完善之前，“立即停运”的控制时间还是一个相对的概念。

（2）安全管理。控制和制止外力破坏，设备被盗。

2. 计量、线损及缴费管理

（1）防窃电管理。对于破坏正常计量（短接电流回路、开路电压回路、致使电能表慢转等）、绕表接电用电等窃电行为均可通过采用坚固的低压计量箱方式得以解决。

（2）计量及线损管理。线损率是考核供电企业的一项综合性经济指标。采用“线损四分管理”，即分压、分区、分线、分台区管理，是降低线损率的有效方式。

（3）集中抄表管理。实现台区统一集中抄表，可以避免由于时间差带来的线损统计误差，也可及时发现计量故障或窃电。

（4）缴费管理。事先通知用户，限期不缴执行远方断电的方式，可避免电力职工与用户人员的正面冲突甚至肢体损伤。建立多种缴费平台，通过各种媒体引导用户及时自觉缴费。

3. 负荷管理

电力营销部门通过电力负控管理系统进行在线监测客户用电数据，实现以下功能：

（1）远程自动抄表。

（2）电力需求侧管理分析。

（3）实时告警和反窃电检测。

（4）为电费催收工作提供辅助控制手段。

（5）负荷预测。

（6）电能质量统计分析。

（7）配电网线损监测和分析。

（8）信息发布。

第八节　低压漏电防护

低压漏电防护是针对0.4 kV低压用电回路的触电保护，通过采取绝缘、保护接地、安装使用漏电保护器等措施防止触电事故。漏电保护器可分为普通型和智能型两类，其中：普通型漏电保护器分为电压型和电流型两种工作原理，当发生漏电时，漏电保护器动作跳闸。普通型漏电保护器一般用于终端用户，智能型漏电保护器即为剩余电流动作保护器，其功能要比普通漏电保护器齐全，应用范围相对较广。

一、剩余电流动作保护器的配置

在低压交流回路上使用AC型剩余电流动作保护器，可根据低压配电网结构配置三相式或单相式，配置为总保护、中级保护和户保三级。其中：

（1）总保安装在配电台区低压侧，采用三相式保护器，对整个配电台区实施触电保护。

（2）中级保护安装在总保与户保之间的低压干线或分支回路，根据安装地点和接线方式采用三相式或单相式保护器。

（3）户保安装在用户进线处，根据用户电源接线情况采用三相式或单相式保护器。

二、剩余电流动作保护器的选用

各级剩余电流动作保护器的选择应根据负荷电流大小选择其额定电流，总保的额定电流应根据配电变压器容量合理选择。选型原则应符合国家相关标准，可分为断路器型一体式、继电器型一体式、继电器型分体式，各项技术指标应满足标准要求。

不同型式的产品对应有相应的可选功能项，主要有：

（1）剩余电流保护。判断切除单相接地等情况下产生的剩余电流的故障。

（2）短路保护。判断切除相间短路和相间接地短路故障。

（3）过负荷保护。超过设定值告警或延时切断故障。

（4）断零、缺相保护。相线和零线断线故障切断或告警。

（5）过压、欠压保护。高于或低于设定的电压上、下限值时切断故障或告警。

（6）显示、监测、记录剩余电流。显示记录剩余电流、故障相位、跳闸次数等信息。

（7）显示、监测、记录负荷电流。显示额定电流和负荷电流数值。

（8）自动重合闸。实施一次自动重合闸（闭锁后须手动恢复）。

（9）告警。不允许断电的场合作为故障报警。

（10）防雷。配置防雷模块，保护本装置免遭雷击损坏。

（11）通信。具有本地或远程通信接口。

（12）远方操作。实现远程控制分合闸及查询运行状况。

（13）定值设置。对额定剩余电流动作值进行分档调节。

第九节　配电线路反送触电防护

一、目前现状

目前，配电线路反送触电措施主要有进行安全教育，设置变压器台安全警示标志和防护网，检修作业执行“停电、验电、接地”技术措施，低压线路配置漏电保护器（或剩余电流动作保护器）等。这些措施在人体触电事故的预防和保护方面发挥了重要作用，但具有一定的被动成分，且检修人员常有侥幸心理，对验电和接地技术措施重视不够，不验电、不接地等习惯性违章现象时有发生，因而触电事故也屡发不绝。就装置而言，主动防护反送电触电事故的技术措施相对欠缺，因此，需要利用技术手段彻底解决配电线路反送电触电事故隐患。

二、解决方案

1. 高压反送电触电防护技术方案

配电拉手线路、高压用户的反送电电源对停电部分构成反送电威胁，可通过两种途径防控高压反送电：一是充分利用“反送电防护成套装置”借助变电站开关柜触电防护设备，对配电线路停电部分实施安全防护；二是在分段开关、分界断路器配装“反送电控保器”技术装备。

2. 低压反送电触电防护技术方案

低压用户端自备电源设备（包括双电源）对停电的低压线路、配电变压器及高压配电线路构成反送电威胁，可通过在配电变压器低压侧、用户端安装“反向开关”设备，防控反送电触电事故（见本书第六章有关部分）。

3. 作业安全技术措施

无论配电线路是否具有反送电防护装置，《电力安全工作规程》所规定的保证安全的技术措施必须严格遵守，这除了对两端变电站或用户端来电风险实施安全防控外，须对平行架设和交叉跨越线路的感应电、交叉跨越线路意外断落搭接触电事故予以防护，需要配合停电的邻近线路和交叉跨越线路应与检修线路同时停电。

有电报警式安全帽、报警式手表等应纳入安全措施标准内容，可对防范触电事故发生起到较大的作用。